Rules

The goal of the game is to fill in the grid such that each row and column contains the numbers 1 to the size of the grid, and each cage contains the result of the operation and the numbers used to obtain that result. The numbers in each cage must be unique.

Example

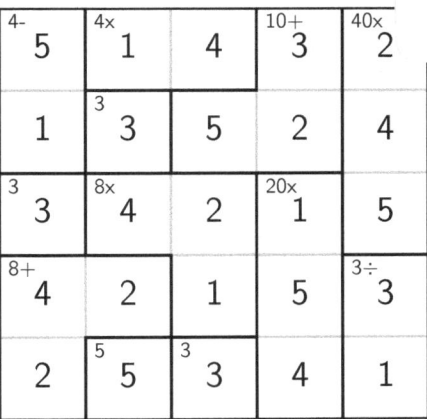

1

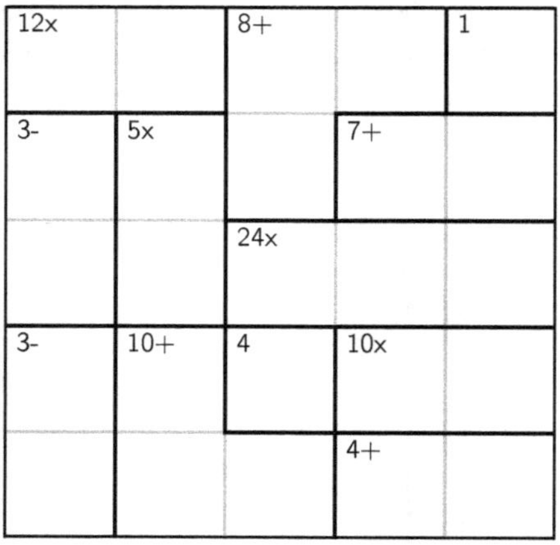

12x		8+		1
3-	5x		7+	
		24x		
3-	10+	4	10x	
			4+	

2

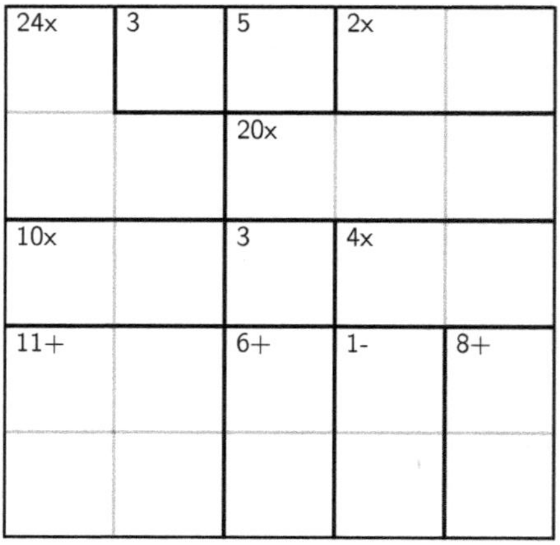

24x	3	5	2x	
			20x	
	10x		3	4x
11+		6+	1-	8+

3

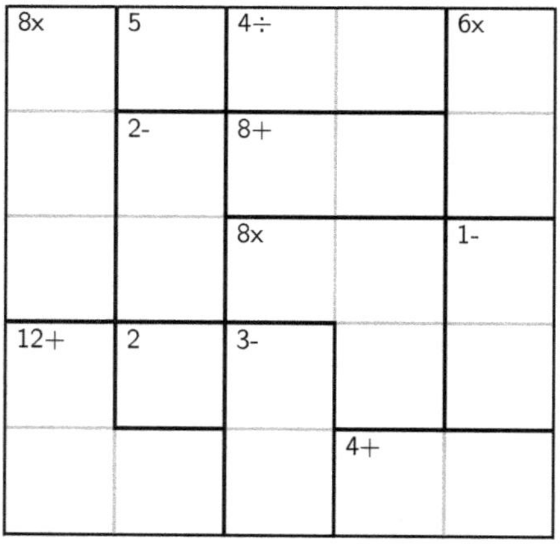

8x	5	4÷		6x
	2-	8+		
		8x		1-
12+	2	3-		
			4+	

4

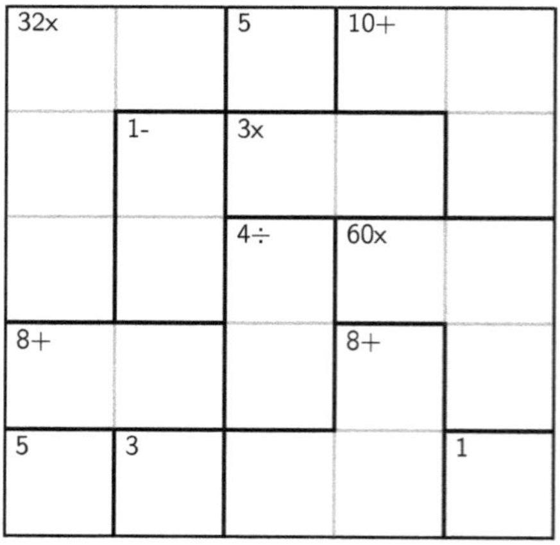

32x		5	10+	
	1-	3x		
		4÷	60x	
8+			8+	
5	3			1

5

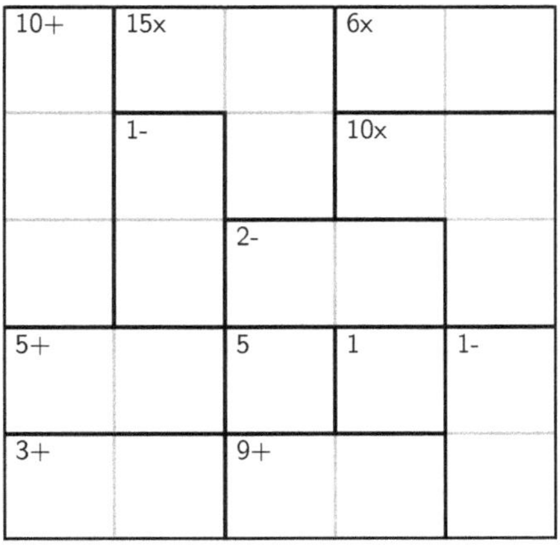

10+	15x		6x	
	1-		10x	
		2-		
5+		5	1	1-
3+		9+		

6

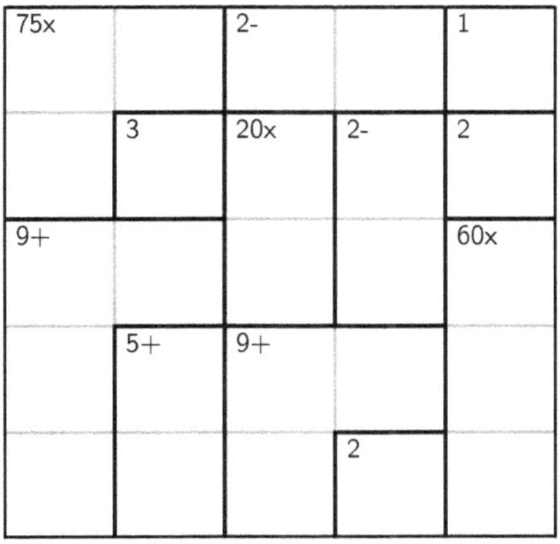

75x		2-		1
	3	20x	2-	2
9+				60x
	5+	9+		
			2	

7

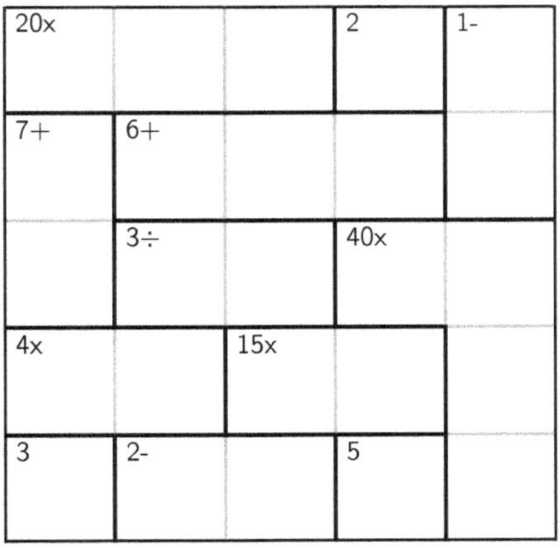

20x			2	1-
7+	6+			
	3÷		40x	
4x		15x		
3	2-		5	

8

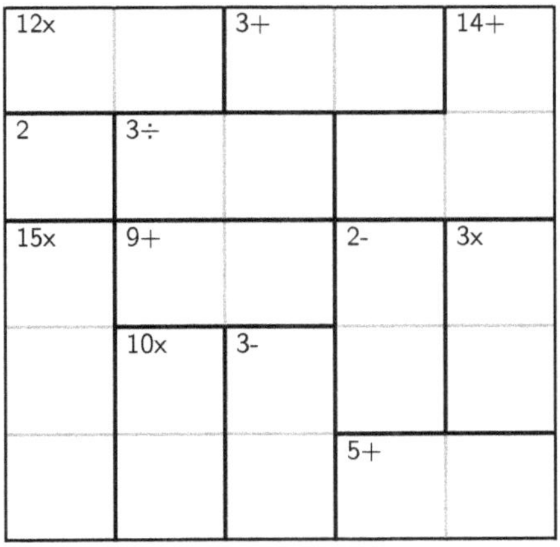

12x		3+		14+
2	3÷			
15x	9+		2-	3x
	10x	3-		
			5+	

9

10x		12x		
1	6x	11+		
1-		14+		2÷
	1	5+		
9+			4+	

10

8x	1-		12+	4
	9+	1		
		4	12+	6x
3				
5	8x			

11

20x	12+	3-	5+	
				3
1-		8+		2÷
		1	4	
12x			7+	

12

5	120x	1	48x	
1				
3x		20x		
2	12+	2-	3÷	6+

1 Solution

12x 3	4	8+ 2	5	1 1
3- 2	5x 5	1	7+ 3	4
5	1	24x 3	4	2
3- 1	10+ 3	4 4	10x 2	5
4	2	5	4+ 1	3

2 Solution

24x 4	3 3	5 5	2x 1	2
3	2	20x 1	5	4
10x 2	5	3 3	4x 4	1
11+ 5	1	6+ 4	1- 2	8+ 3
1	4	2	3	5

3 Solution

8x 2	5 5	4÷ 1	4	6x 3
4	2- 1	8+ 3	5	2
1	3	8x 4	2	1- 5
12+ 3	2 2	3- 5	1	4
5	4	2	4+ 3	1

4 Solution

32x 1	4	5 5	10+ 3	2
4	1- 2	3x 3	1	5
2	1	4÷ 4	60x 5	3
8+ 3	5	1	8+ 2	4
5 5	3 3	2	4	1 1

13

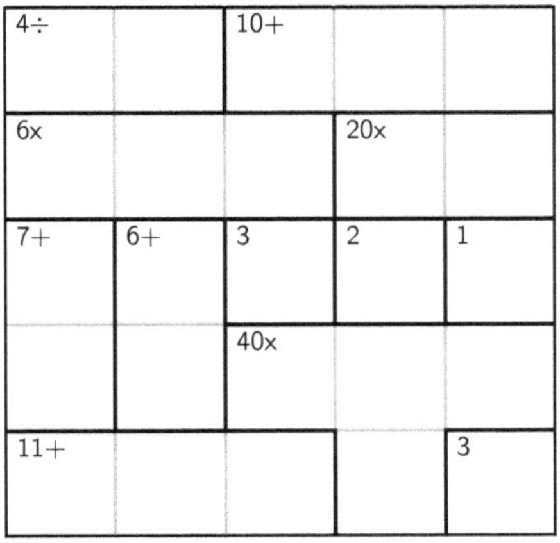

4÷		10+		
6x			20x	
7+	6+	3	2	1
		40x		
11+				3

14

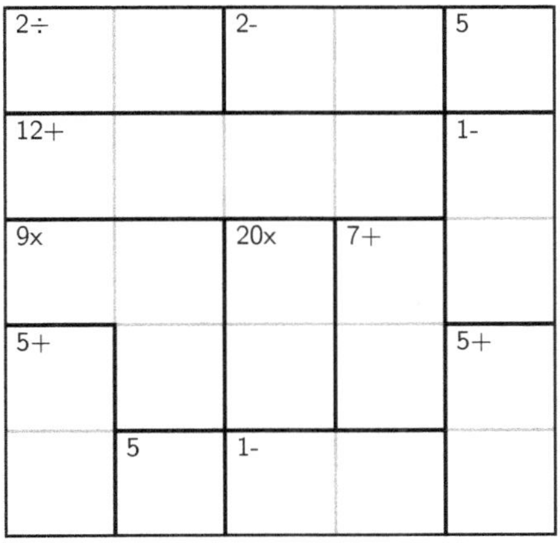

2÷		2-		5
12+				1-
9x		20x	7+	
5+				5+
		5	1-	

15

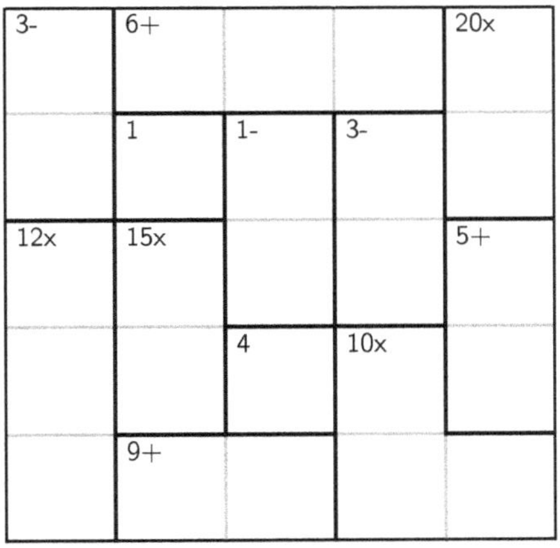

3-	6+			20x
	1	1-	3-	
12x	15x			5+
		4	10x	
	9+			

16

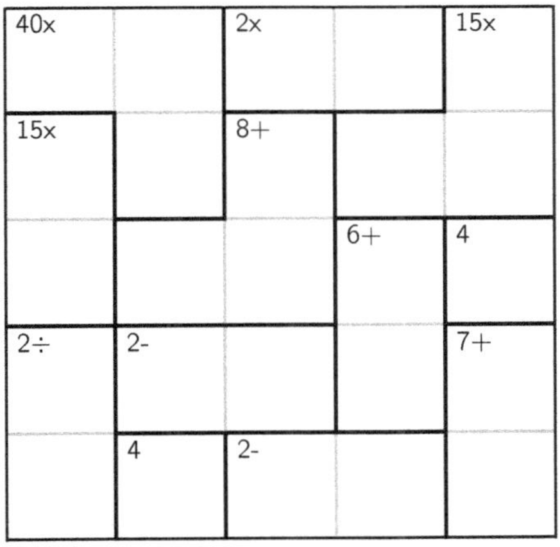

40x		2x		15x
15x		8+		
			6+	4
2÷	2-			7+
	4	2-		

5 Solution

10+ 4	15x 5	1	6x 3	2
5	1- 4	3	10x 2	1
1	3	2- 2	4	5
5+ 3	2	5 5	1 1	1- 4
3+ 2	1	9+ 4	5	3

6 Solution

75x 3	5	2- 2	4	1
5	3 3	20x 4	2- 1	2 2
9+ 1	2	5	3	60x 4
2	5+ 4	9+ 1	5	3
4	1	3	2 2	5

7 Solution

20x 4	5	1	2 2	1- 3
7+ 5	6+ 3	2	1	4
2	3÷ 1	3	40x 4	5
4x 1	4	15x 5	3	2
3	2- 2	4	5 5	1

8 Solution

12x 4	3	3+ 2	1	14+ 5
2 2	3+ 1	3	5	4
15x 3	9+ 4	5	2- 2	3x 1
5	10x 2	3- 1	4	3
1	5	4	5+ 3	2

17

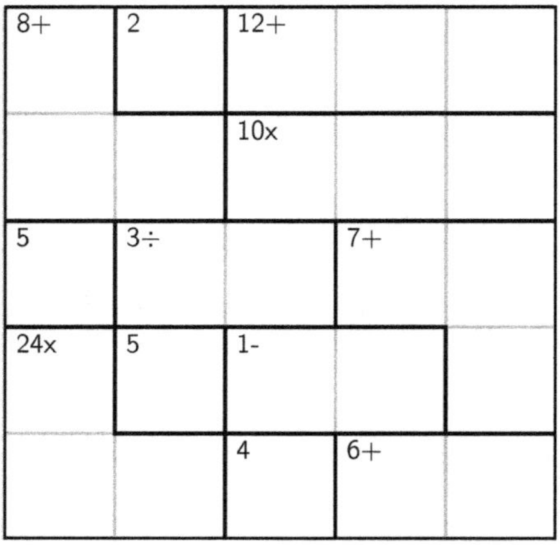

8+	2	12+		
		10x		
5	3÷		7+	
24x	5	1-		
		4	6+	

18

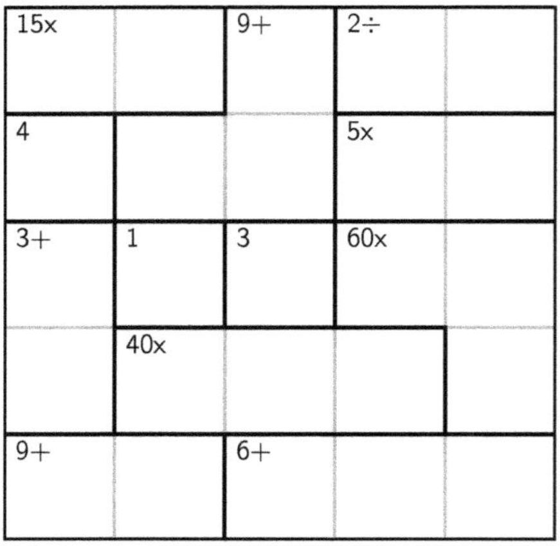

15x		9+		2÷
	4			5x
3+	1	3		60x
		40x		
9+			6+	

19

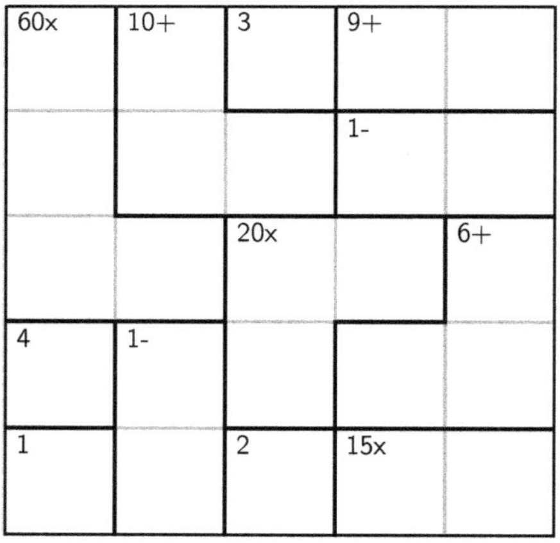

60x	10+	3	9+	
			1-	
		20x		6+
4	1-			
1		2	15x	

20

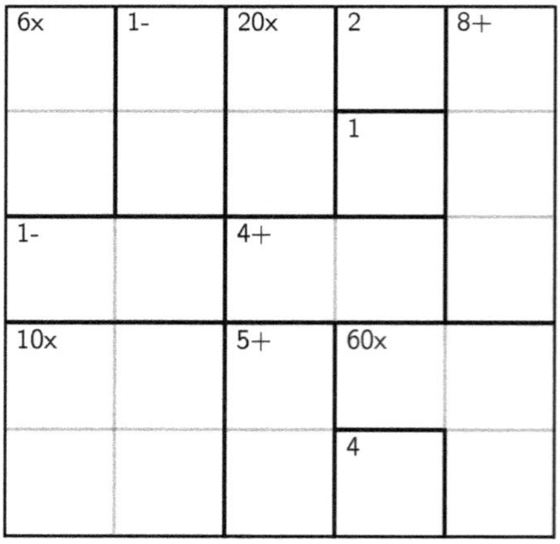

6x	1-	20x	2	8+
			1	
1-		4+		
10x		5+	60x	
			4	

9 Solution

10x 2	5	12x 1	3	4
1 1	6x 3	11+ 4	2	5
1- 3	2	14+ 5	4	2÷ 1
4	1 1	5+ 3	5	2
9+ 5	4	2	4+ 1	3

10 Solution

8x 1	1- 2	3	12+ 5	4
4	9+ 3	1 1	2	5
2	5	4 4	12+ 3	6x 1
3 3	1	5	4	2
5 5	8x 4	2	1	3

11 Solution

20x 5	12÷ 4	3- 2	5+ 3	1
4	2	5	1	3 3
1- 2	1	8+ 3	5	2÷ 4
3	5	1 1	4 4	2
12x 1	3	4	7+ 2	5

12 Solution

5	120x 4	1	48x 2	3
1 1	2	3	5	4
3x 3	1	20x 5	4	2
2 2	12+ 5	2- 4	3÷ 3	6+ 1
4	3	2	1	5

21

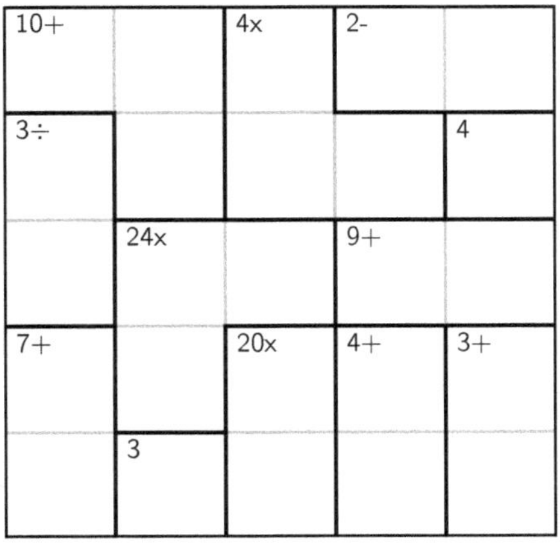

10+		4x	2-	
3÷				4
	24x		9+	
7+		20x	4+	3+
	3			

22

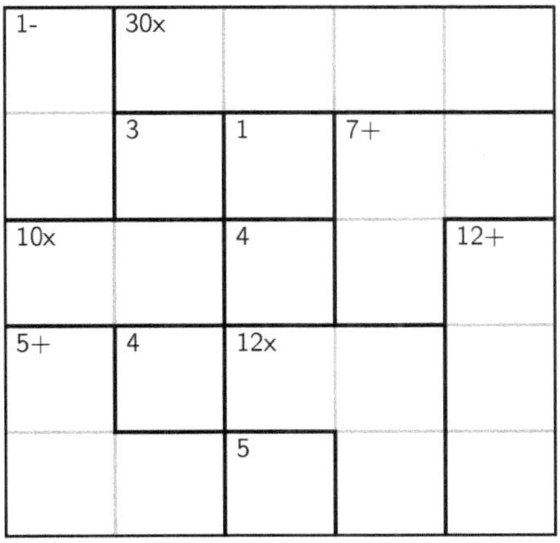

1-		30x		
		3	1	7+
10x			4	12+
5+		4	12x	
			5	

23

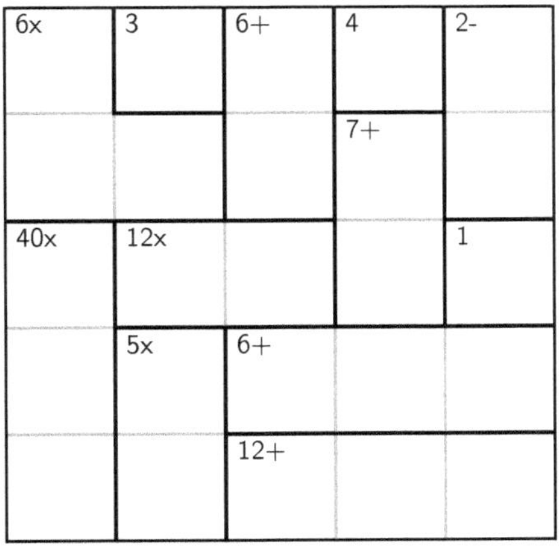

6x	3	6+	4	2-
			7+	
40x	12x			1
	5x	6+		
		12+		

24

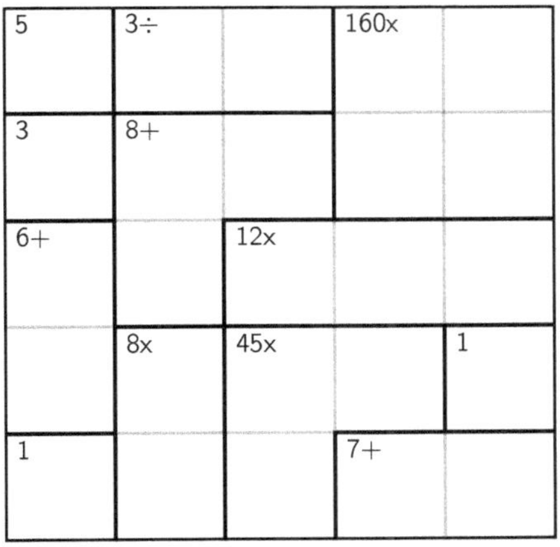

5	3÷		160x	
3	8+			
6+			12x	
		8x	45x	1
1			7+	

13 Solution

4÷ 1	4	10+ 5	3	2
6x 2	3	1	20x 5	4
7+ 4	6+ 5	3 3	2 2	1 1
3	1	40x 2	4	5
11+ 5	2	4	1	3 3

14 Solution

2÷ 2	4	2- 3	1	5 5
12+ 5	2	1	4	1- 3
9x 3	1	20x 4	7+ 5	2
5+ 4	3	5	2	5+ 1
1	5 5	1- 2	3	4

15 Solution

3- 5	6+ 2	1	3	20x 4
2	1 1	1- 3	3- 4	5
12x 4	15x 5	2	1	5+ 3
1	3	4 4	10x 5	2
3	9+ 4	5	2	1

16 Solution

40x 4	5	2x 2	1	15x 3
15x 3	2	8+ 4	5	1
5	1	3	6+ 2	4 4
2÷ 2	2- 3	1	4	7+ 5
1	4 4	2- 5	3	2

25

6+		4	6x	20x
	6+			
1-	1-		4x	5+
	30x			
1-			5÷	

26

48x		15x		10x
		40x		
1	2		7+	
10x	5		10+	
	3	1		

27

1-		2÷	6+	
24x	12+		1-	
				4
	2-	12x	2	6+
			5	

28

1-	9+		2÷	
		8x	20x	8+
8+	2			
	5+		5+	
	15x			4

17 Solution

8+ 1	2 2	12+ 5	4	3
3	4	10x 1	5	2
5 5	3÷ 1	3	7+ 2	4
24x 4	5 5	1- 2	3	1
2	3	4 4	6+ 1	5

18 Solution

15x 3	5	9+ 4	2÷ 2	1
4 4	3	2	5x 1	5
3+ 2	1 1	3 3	60x 5	4
1	40x 2	5	4	3
9+ 5	4	6+ 1	3	2

19 Solution

60x 2	10+ 1	3 3	9+ 5	4
3	5	4	1- 1	2
5	2	20x 1	4	6+ 3
4 4	1- 3	5	2	1
1 1	4	2 2	15x 3	5

20 Solution

6x 3	1- 4	20x 5	2 2	8+ 1
2	3	4	1 1	5
1- 4	5	4+ 1	3	2
10x 1	2	5+ 3	60x 5	4
5	1	2	4 4	3

29

7+		3	5+	
15x	4	8x	11+	
1-	4+	10x		20x
			3	

30

3x	4	6x	40x	
				9+
2	10+			
4	11+		1-	4+
		4		

31

7+		45x		
20x		2		4
	5+	10+	5	2÷
3			24x	
5x				

32

9+	7+		3-	1-
	4-	1		
		90x		2
5÷	12x	6+		5÷

21 Solution

10+ 4	1	4x 2	2- 5	3
3÷ 3	5	1	2	4 4
1	24x 2	3	9+ 4	5
7+ 2	4	20x 5	4+ 3	3+ 1
5	3 3	4	1	2

22 Solution

1- 4	30x 2	3	5	1
5	3 3	1 1	7+ 4	2
10x 2	5	4 4	1	12+ 3
5+ 1	4 4	12x 2	3	5
3	1	5 5	2	4

23 Solution

6x 1	3 3	6+ 5	4 4	2- 2
3	2	1	7+ 5	4
40x 5	12x 4	3	2	1 1
4	5x 5	6+ 2	1	3
2	1	12+ 4	3	5

24 Solution

5 5	3÷ 3	1	160x 2	4
3 3	8+ 1	2	4	5
6+ 2	5	12x 4	1	3
4	8x 2	45x 5	3	1 1
1 1	4	3	7+ 5	2

33

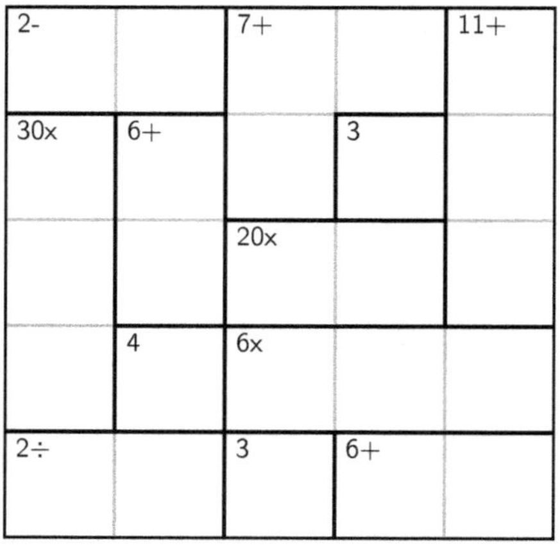

2-		7+		11+	
30x	6+		3		
		20x			
	4	6x			
2÷		3	6+		

34

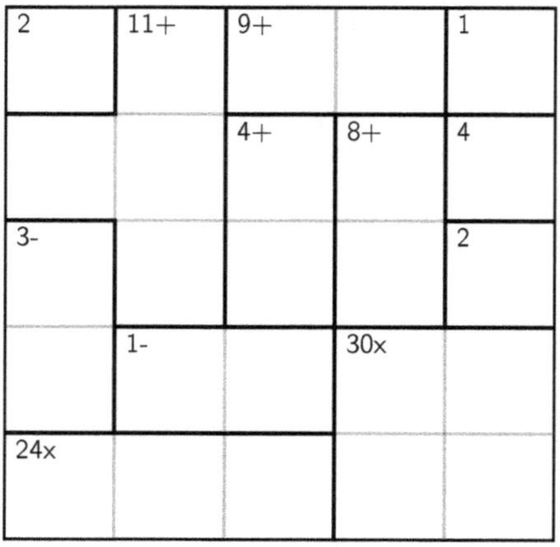

2	11+	9+		1	
		4+	8+	4	
3-				2	
	1-		30x		
24x					

35

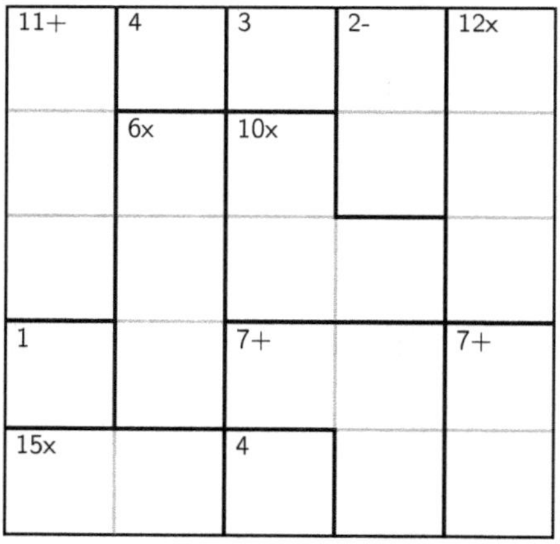

11+	4	3	2-	12x	
	6x	10x			
1		7+		7+	
15x		4			

36

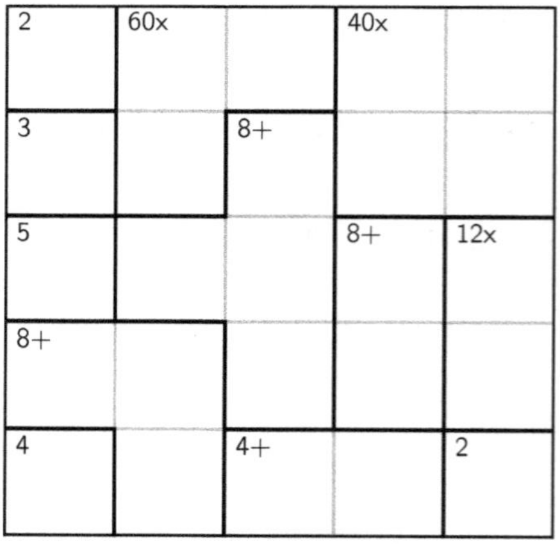

2	60x		40x		
3		8+			
5			8+	12x	
8+					
4		4+		2	

25 Solution

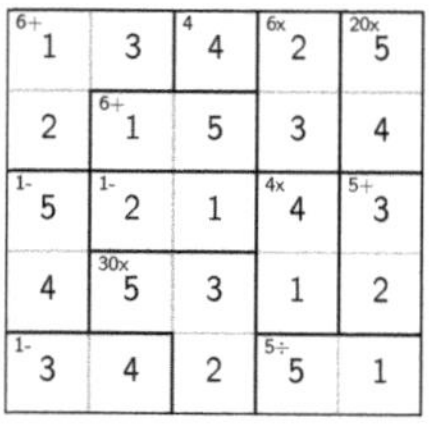

6+ 1	3	4	6x 2	20x 5
2	6+ 1	5	3	4
1- 5	1- 2	1	4x 4	5+ 3
4	30x 5	3	1	2
1- 3	4	2	5÷ 5	1

26 Solution

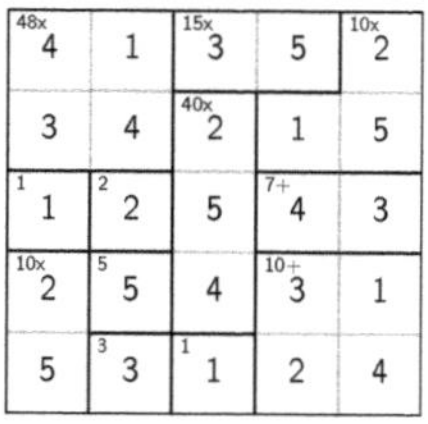

48x 4	1	15x 3	5	10x 2
3	4	40x 2	1	5
1	2	5	7+ 4	3
10x 2	5	4	10÷ 3	1
5	3	1	2	4

27 Solution

1- 5	4	2÷ 2	6+ 1	3
24x 3	12+ 5	1	1- 4	2
1	2	5	3	4
4	2- 1	12x 3	2	6+ 5
2	3	4	5 1	1

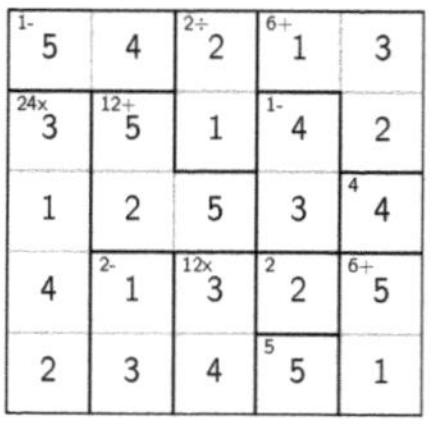

28 Solution

1- 4	9+ 5	3	2÷ 2	1
3	1	8x 4	20x 4	8+ 5
8+ 1	2 2	4	5	3
5	5+ 4	1	5+ 3	2
2	15x 3	5	1	4 4

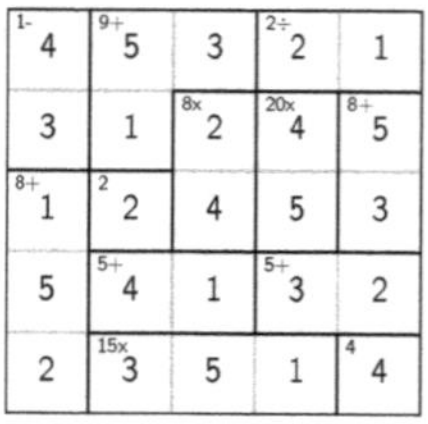

37

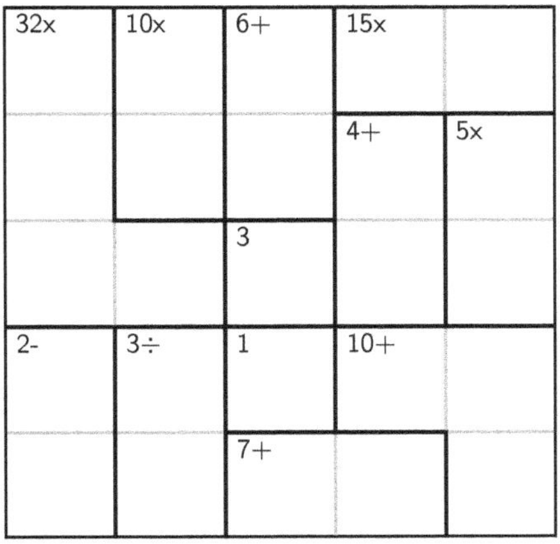

32x	10x	6+	15x	
			4+	5x
		3		
2-	3÷	1	10+	
		7+		

38

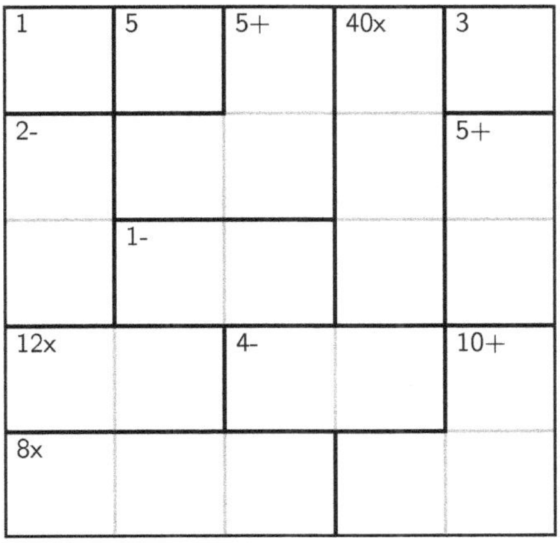

1	5	5+	40x	3
2-				5+
		1-		
12x			4-	10+
8x				

39

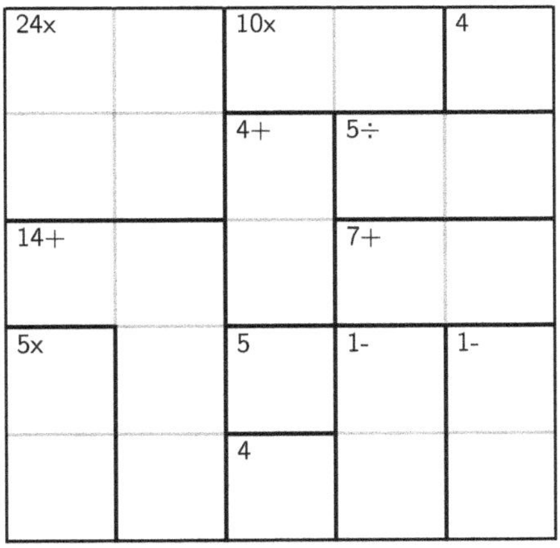

24x		10x		4
		4+	5÷	
14+			7+	
5x		5	1-	1-
		4		

40

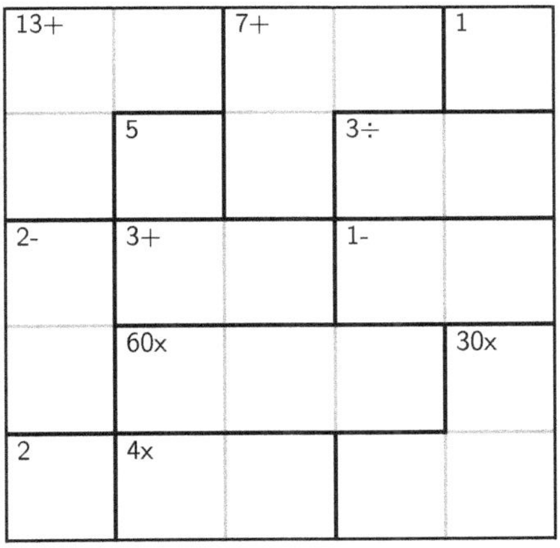

13+		7+		1
		5	3÷	
2-	3+		1-	
		60x		30x
2	4x			

29 Solution

7+ 2	5	3 3	5+ 4	1
15x 1	4 4	8x 2	11+ 5	3
5	3	4	1	2
1- 3	4+ 1	10x 5	2	20x 4
4	2	1	3 3	5

30 Solution

3x 1	4	6x 3	40x 5	2
3	2	1	4	9+ 5
2 2	10+ 3	5	1	4
4	11+ 5	2	1- 3	4+ 1
5	1	4 4	2	3

31 Solution

7+ 2	4	45x 3	1	5
20x 5	1	2	3	4 4
4	5+ 3	10+ 1	5 5	2÷ 2
3 3	2	5	24x 4	1
5x 1	5	4	2	3

32 Solution

9+ 3	7+ 2	5	3- 1	1- 4
2	4- 5	1 1	4	3
4	1	90x 3	5	2 2
5÷ 5	12x 3	6+ 4	2	5÷ 1
1	4	2	3	5

41

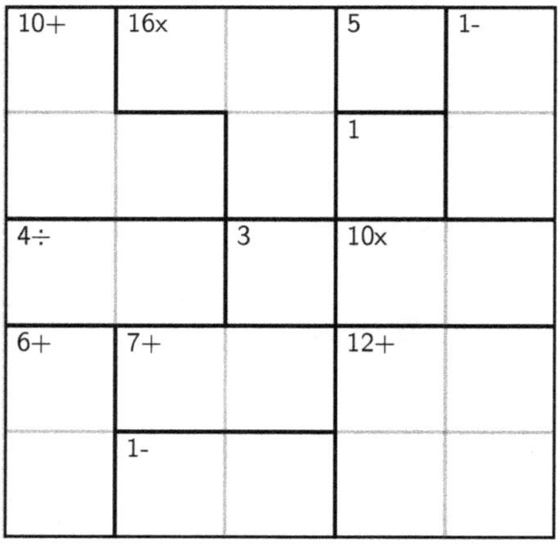

10+	16x		5	1-
			1	
4÷		3	10x	
6+	7+		12+	
	1-			

42

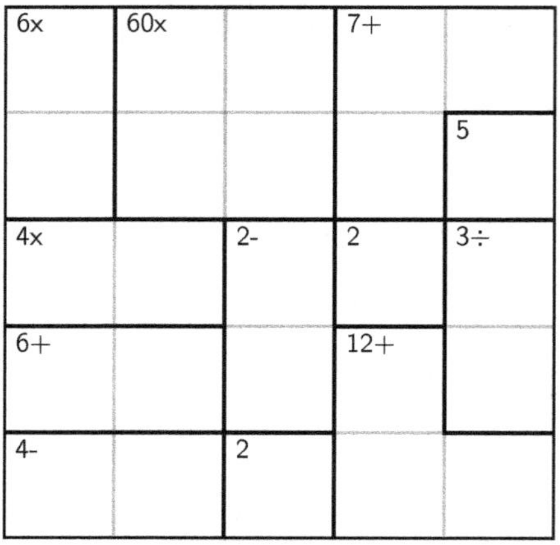

6x	60x		7+	
				5
4x		2-	2	3÷
6+			12+	
	4-		2	

43

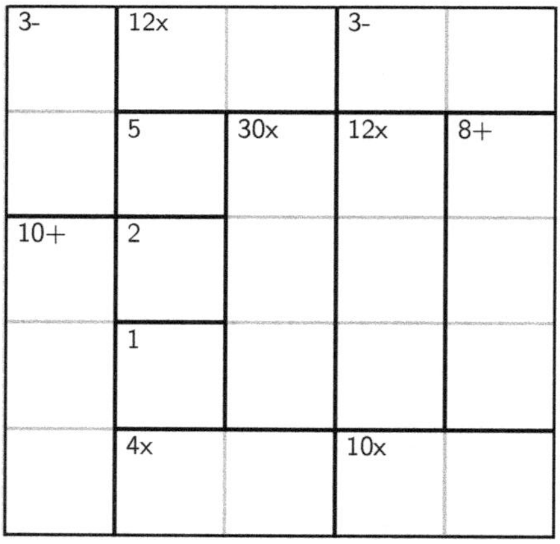

3-	12x		3-	
	5	30x	12x	8+
10+	2			
	1			
	4x		10x	

44

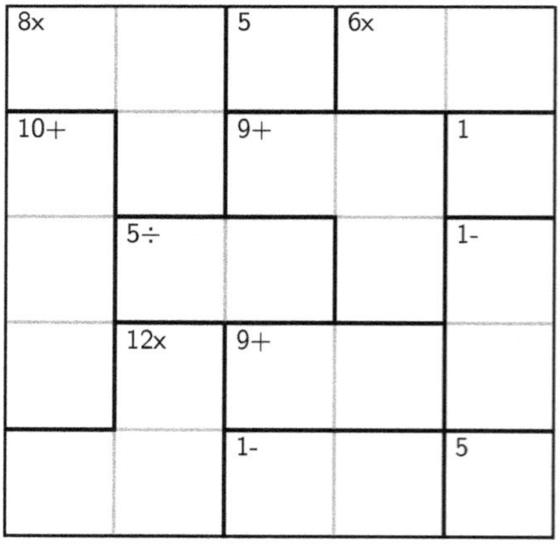

8x		5	6x	
10+		9+		1
	5÷			1-
	12x	9+		
		1-		5

33 Solution

2-1	3	7+4	2	11+5
30x2	6+5	1	3-3	4
3	1	20x5	4	2
5	4-4	6x2	1	3
2÷4	2	3-3	6+5	1

34 Solution

2-2	11+3	9+5	4	1-1
5	2	4+1	8+3	4
3-4	1	3	5	2-2
1	1-5	4	30x2	3
24x3	4	2	1	5

35 Solution

11+2	4	3-3	2-5	12x1
5	6x2	10x1	3	4
4	1	5	2	3
1-1	3	7+2	4	7+5
15x3	5	4-4	1	2

36 Solution

2-2	60x3	5	40x4	1
3-3	4	8+1	2	5
5-5	1	2	8+3	12x4
8+1	2	4	5	3
4-4	5	4+3	1	2-2

45

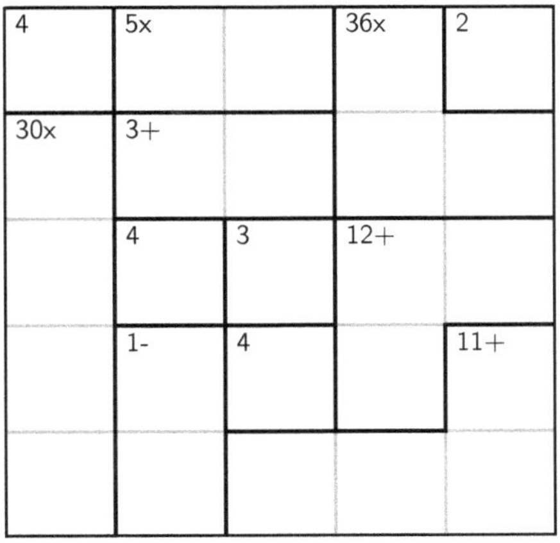

4	5x		36x	2
30x	3+			
	4	3	12+	
	1-	4		11+

46

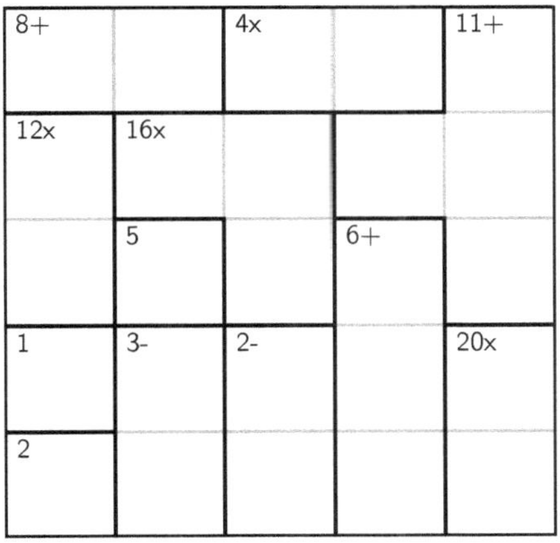

8+		4x		11+
12x	16x			
		5	6+	
1	3-	2-		20x
2				

47

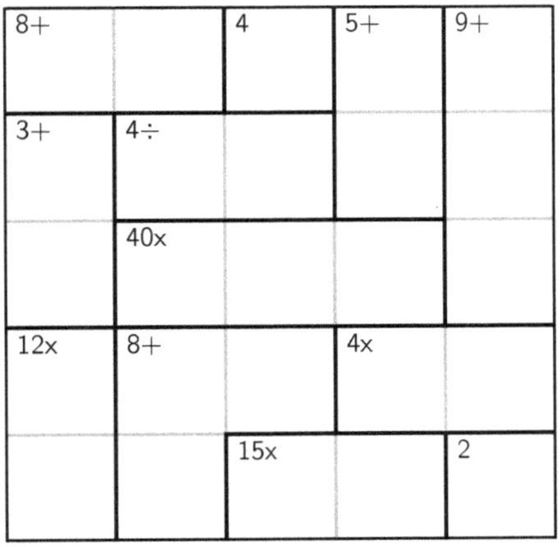

8+		4	5+	9+
3+	4÷			
	40x			
12x	8+		4x	
		15x		2

48

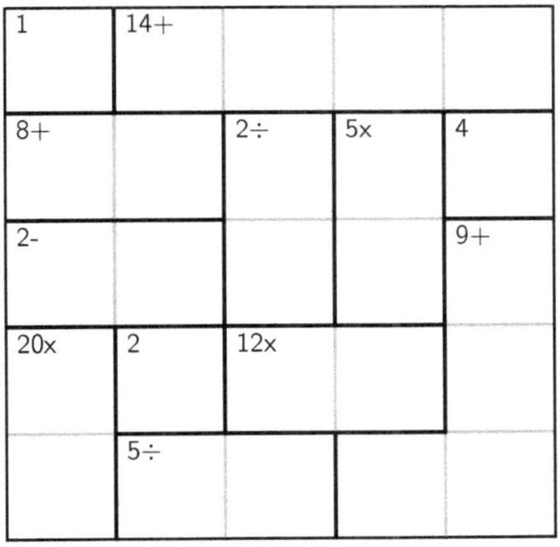

1	14+			
8+		2÷	5x	4
2-				9+
20x	2	12x		
	5÷			

37 Solution

32x 1	10x 2	6+ 4	15x 5	3
4	5	2	4+ 3	5x 1
2	4	3 3	1	5
2- 5	3÷ 3	1	10+ 4	2
3	1	7+ 5	2	4

38 Solution

1	5	5÷ 2	40x 4	3
2- 3	2	1	5	5÷ 4
5	1- 4	3	2	1
12x 4	3	4- 5	1	10÷ 2
8x 2	1	4	3	5

39 Solution

24x 3	1	10x 2	5	4
4	2	4+ 3	5÷ 1	5
14+ 2	5	1	7+ 4	3
5x 1	4	5 5	1- 3	2
5	3	4	2	1

40 Solution

13÷ 5	4	7+ 3	2	1 1
4	5 5	2	3÷ 1	3
2- 3	3+ 2	1	1- 5	4
1	60x 3	5	4	30x 2
2 2	4x 1	4	3	5

49

60x	9+			1
		2x		10x
12+	2÷	3	5	
		8+		1-
		5+		

50

9+		2÷	8+	8x
4+				
20x	3-		4	2-
		6x		
9+			5x	

51

2	6+		12x	
1-	3÷	9+		40x
		7+		
3	4		24x	
2x				

52

11+		40x	8x	4
				2-
1-			3x	
20x	2÷			1
		3	7+	

41 Solution

10+ 3	16x 4	1	5 5	1- 2
2	5	4	1 1	3
4÷ 4	1	3 3	10x 2	5
6+ 1	7+ 2	5	12+ 3	4
5	1- 3	2	4	1

42 Solution

6x 3	60x 5	4	7+ 1	2
2	3	1	4	5 5
4x 1	4	2- 5	2 2	3÷ 3
6+ 4	2	3	12+ 5	1
4- 5	1	2 2	3	4

43 Solution

3- 1	12x 3	4	3- 2	5
4	5 5	30x 2	12x 3	8+ 1
10+ 5	2 2	3	1	4
2	1 1	5	4	3
3	4x 4	1	10x 5	2

44 Solution

8x 1	4	5 5	6x 3	2
10+ 5	2	9+ 3	4	1 1
3	5÷ 5	1	2	1- 4
2	12x 1	9+ 4	5	3
4	3	1- 2	1	5 5

53

1-		1-	60x	
8+				2÷
	60x	2x	3	
			3+	20x
5	5+			

54

3+		12x		30x
3-	8x	4-		
		3	11+	
8+	5÷			
	24x			1

55

7+		4	3x	
2-	1-	1	10x	6+
		11+		
120x	1			9+

56

4x		8+	30x	1-
11+	4			
	10x	1		4
		5+		2-
	24x			

45 Solution

4 4	5x 5	1	36x 3	2 2
30x 5	3+ 1	2	4	3
1	4 4	3 3	12+ 2	5
2	1- 3	4 4	5	11+ 1
3	2	5	1	4

46 Solution

8+ 5	3	4x 1	4	11+ 2
12x 3	16x 2	4	5	1
4	5 5	2	6+ 1	3
1 1	3- 4	2- 3	2	20x 5
2 2	1	5	3	4

47 Solution

8+ 5	3	4 4	5+ 2	9+ 1
3+ 2	4÷ 4	1	3	5
1	40x 2	5	4	3
12x 3	8+ 5	2	4x 1	4
4	1	15x 3	5	2 2

48 Solution

1 1	14+ 3	4	2	5
8- 3	5	2÷ 2	5x 1	4 4
2- 2	4	1	5	9+ 3
20x 5	2 2	12x 3	4	1
4	5÷ 1	5	3	2

57

4x		30x		
	1-		36x	2
8+				
6x		10+		1
8+		2		4

58

2-	120x	3-	5÷	
			2	4
		8+		3
1-			6x	
7+				5

59

7+		12x		11+
7+		7+		
	2	4x	2-	
10x	24x			1
			3÷	

60

12x	7+	5	1-	4
				10+
9+		24x		
2x	1-		9+	
				1

49 Solution

60x 5	9+ 3	4	2	1 1
3	4	2x 2	1	10x 5
12+ 4	2÷ 1	3 3	5 5	2
1	2	8+ 5	3	1- 4
2	5	5+ 1	4	3

50 Solution

9+ 4	5	2÷ 1	8+ 3	8x 2
4+ 3	1	2	5	4
20x 1	3- 2	5	4 4	2- 3
5	4	6x 3	2	1
9+ 2	3	4	5x 1	5

51 Solution

2 2	6+ 5	1	12x 4	3
1- 4	3÷ 1	9+ 3	5	40x 2
5	3	7+ 2	1	4
3 3	4 4	5	24x 2	1
2x 1	2	4	3	5

52 Solution

11+ 1	3	40x 5	8x 2	4 4
2	5	1	4	2- 3
1- 3	4	2	3x 1	5
20x 5	2÷ 2	4	3	1 1
4	1	3 3	7+ 5	2

61

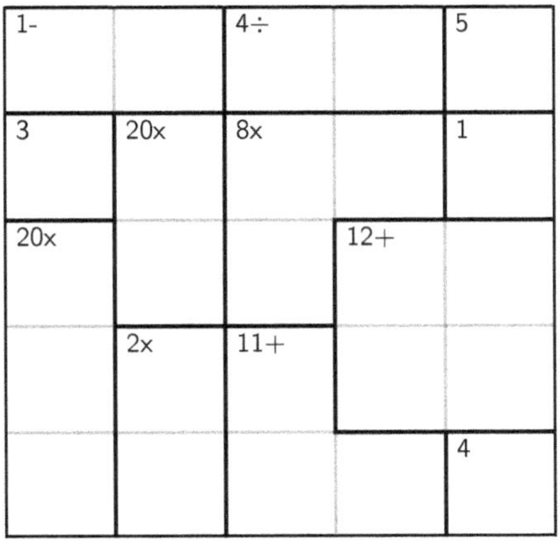

1-		4÷		5
3	20x	8x		1
20x			12+	
	2x	11+		
			4	

62

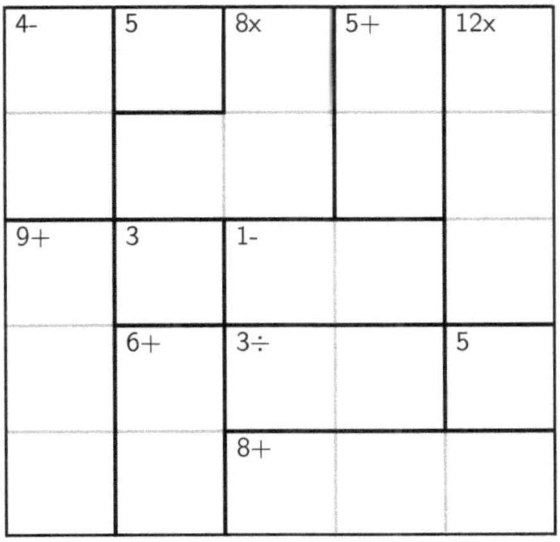

4-	5	8x	5+	12x
9+	3	1-		
		6+	3÷	5
			8+	

63

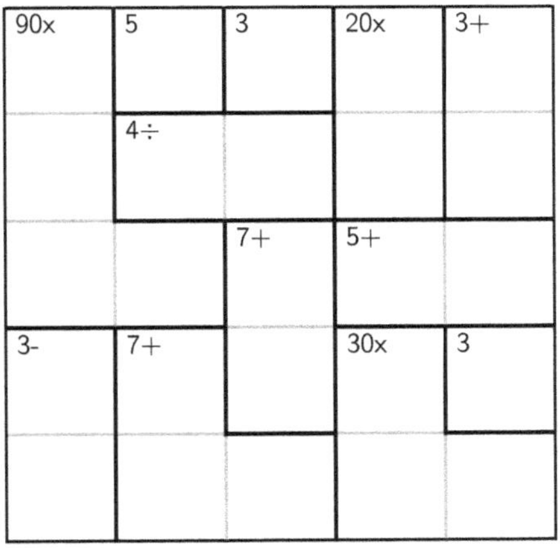

90x	5	3	20x	3+
	4÷			
		7+	5+	
3-	7+		30x	3

64

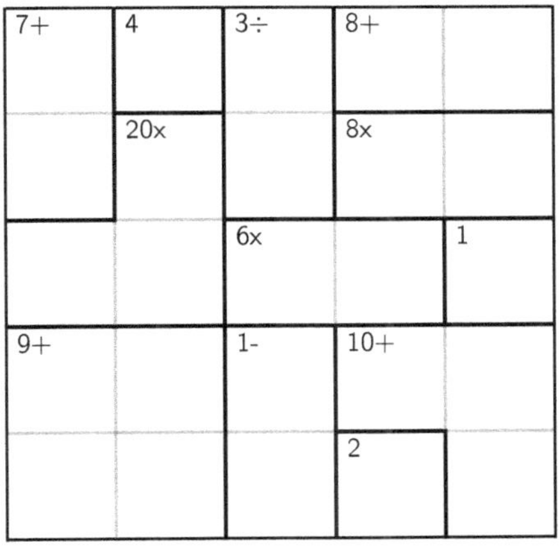

7+	4	3÷	8+	
		20x	8x	
			6x	1
9+		1-	10+	
			2	

53 Solution

1-2	1	1-4	60x 5	3
8+ 1	3	5	4	2÷ 2
4	60x 5	2x 2	3 3	1
3	4	1	3+ 2	20x 5
5	5+ 2	3	1	4

54 Solution

3+ 2	1	12x 4	3	30x 5
3- 4	8x 2	4- 5	1	3
1	4	3 3	11+ 5	2
8+ 3	5+ 5	1	2	4
5	24x 3	2	4	1 1

55 Solution

7+ 2	5	4 4	3x 3	1
2- 3	1- 4	1 1	10x 5	6+ 2
1	3	11+ 5	2	4
120x 5	1	2	4	9+ 3
4	2	3	1	5

56 Solution

4x 4	1	8+ 3	30x 5	1- 2
11+ 3	4	5	2	1
5	10x 2	1 1	3	4 4
2	5	5+ 4	1	2- 3
1	24x 3	2	4	5

65

2	4x		9+	
7+		10x		2÷
2-	5			
	9+			15x
5	6+			

66

7+		2x	15x	6+
6+	10+			
		3x		4
5x		1-	2÷	1-

67

1	12x	15x	40x	
6+				
		6+		2-
9+	2-		1	
	5x		1-	

68

1-		6+		1-
5	5x	2-		
5+		6+		
	24x			20x
5+		5÷		

57 Solution

4x 4	1	30x 3	2	5
1	1- 4	5	36x 3	2 2
8+ 5	2	1	4	3
6x 2	3	10+ 4	5	1 1
8+ 3	5	2 2	1	4 4

58 Solution

2- 3	120x 4	3- 2	5÷ 5	1
1	3	5	2 2	4 4
5	2	8+ 1	4	3 3
1- 4	5	3	6x 1	2
7+ 2	1	4	3	5 5

59 Solution

7+ 1	5	12x 3	4	11÷ 2
7+ 3	1	7+ 5	2	4
4	2 2	4x 1	2- 3	5
10x 2	24x 3	4	5	1 1
5	4	2	3÷ 1	3

60 Solution

12x 3	7+ 1	5 5	1- 2	4 4
4	5	1	3	10÷ 2
9+ 5	4	24x 2	1	3
2x 1	1- 2	3	9+ 4	5
2	3	4	5	1 1

69

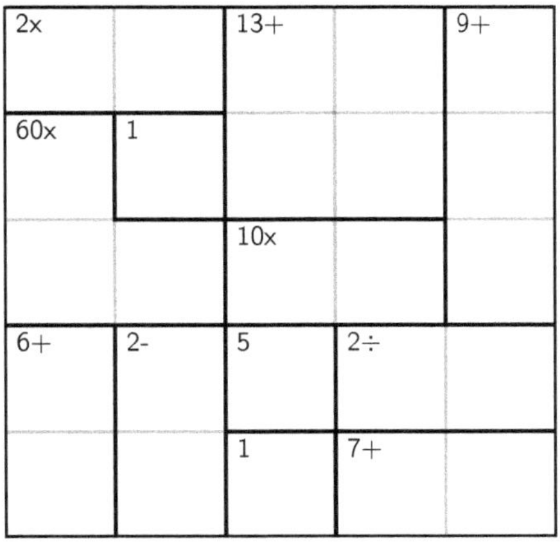

1
2-
5
2÷
1

70

3-
3-
5
1
2

71

4
2
2
1-

72

4-
5+
3
4÷
2
3

61 Solution

1- 2	3	4÷ 4	1	5 5
3 3	20x 5	8x 2	4	1 1
20x 5	4	1	12+ 2	3
4	2x 1	11+ 3	5	2
1	2	5	3	4 4

62 Solution

4- 1	5 5	8x 2	5+ 3	12x 4
5	1	4	2	3
9+ 2	3 3	1- 5	4	1
4	6+ 2	3÷ 3	1	5 5
3	4	8+ 1	5	2

63 Solution

90x 2	5 5	3 3	20x 4	3+ 1
3	4÷ 4	1	5	2
5	3	7+ 2	5+ 1	4
3- 4	7+ 1	5	30x 2	3 3
1	2	4	3	5

64 Solution

7+ 2	4 4	3÷ 1	8+ 5	3
5	20x 1	3	8x 4	2
4	5	6x 2	3	1 1
9+ 3	2	1- 5	10+ 1	4
1	3	4	2 2	5

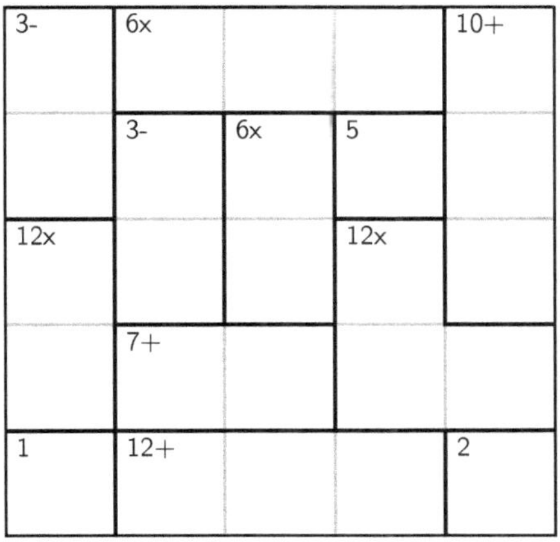

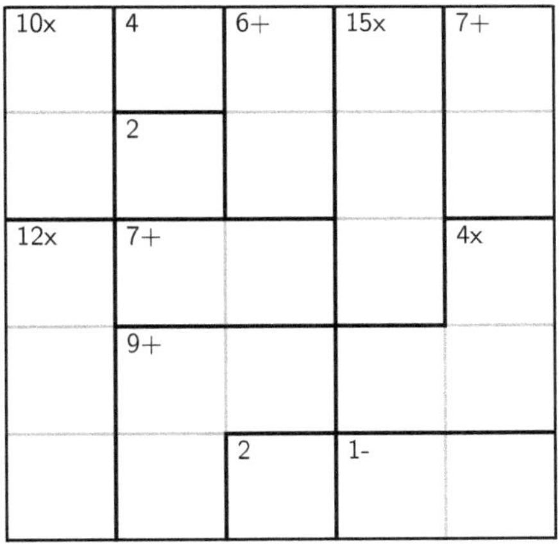

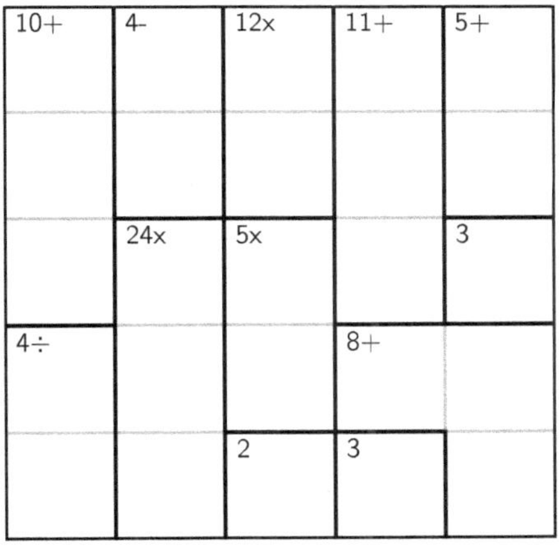

73

2÷	45x		5x	2
		1		11+
15x	16x			
		14+		1
1-				3

74

2	10+		10x	11+
15x				
		20x	4	
20x	3+		5+	1
				3

75

6+	5x	3	3-	
		32x	7+	
			2-	
20x	1-	9+		2÷
		1		

76

3	5	2÷	2÷	
5+			2-	3x
2-		11+		
			80x	
15x		3+		

65 Solution

2 2	4x 1	4	9+ 5	3
7+ 4	3	10x 5	1	2÷ 2
2- 3	5 5	1	2	4
1	9+ 2	3	4	15x 5
5 5	6+ 4	2	3	1

66 Solution

7+ 3	4	2x 2	15x 5	6+ 1
6+ 4	10+ 2	1	3	5
2	5	3x 3	1	4 4
5x 1	3	1- 5	2÷ 4	1- 2
5	1	4	2	3

67 Solution

1 1	12x 3	15x 5	40x 2	4
6+ 2	4	3	5	1
3	1	6+ 2	4	2- 5
9+ 5	2- 2	4	1 1	3
4	5x 5	1	1- 3	2

68 Solution

1- 3	4	6+ 5	1	1- 2
5 5	5x 1	2- 4	2	3
5+ 4	5	6+ 2	3	1
1	24x 2	3	4	20x 5
5+ 2	3	5÷ 1	5	4

77

4x		15x	2	24x
1-			1	
11+		9+		
	5+	1		6+
		9+		

78

16+		2	5÷	
		12x	2	1-
10x				
	1	8+		4
2x		60x		

79

4x	8+	30x		
			2	1-
2-	5	2÷		
	1-		8+	
5+		20x		

80

4	30x			4-
6x		4x		
2	4		2-	
9+		9+		8+
	4+			

69 Solution

2x 1	2	13+ 3	4	9+ 5
60x 5	1 1	4	2	3
3	4	10x 2	5	1
6+ 4	2- 3	5 5	2÷ 1	2
2	5	1 1	7+ 3	4

70 Solution

3- 5	6x 3	1	2	10+ 4
2	3- 4	6x 3	5 5	1
12x 3	1	2	12x 4	5
4	7+ 2	5	1	3
1 1	12+ 5	4	3	2 2

71 Solution

10x 2	4 4	6+ 5	15x 1	7+ 3
5	2 2	1	3	4
12x 1	7+ 3	4	5	4x 2
4	9+ 5	3	2	1
3	1	2 2	1- 4	5

72 Solution

10+ 3	4- 5	12x 4	11+ 2	5+ 1
2	1	3	5	4
5	24x 2	5x 1	4	3 3
4÷ 4	3	5	8+ 1	2
1	4	2 2	3 3	5

81

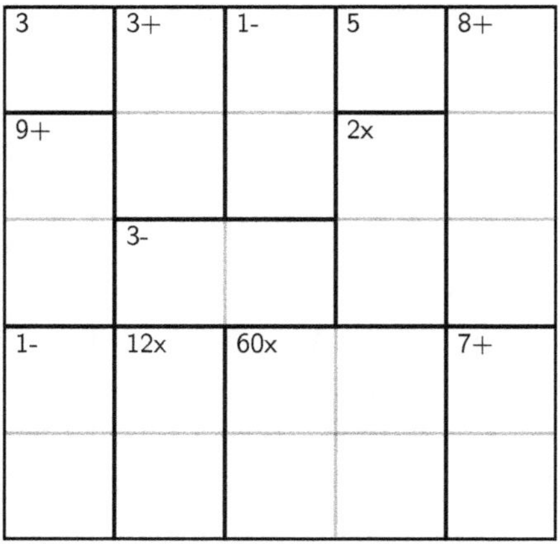

3	3+	1-	5	8+
9+			2x	
	3-			
1-	12x	60x		7+

82

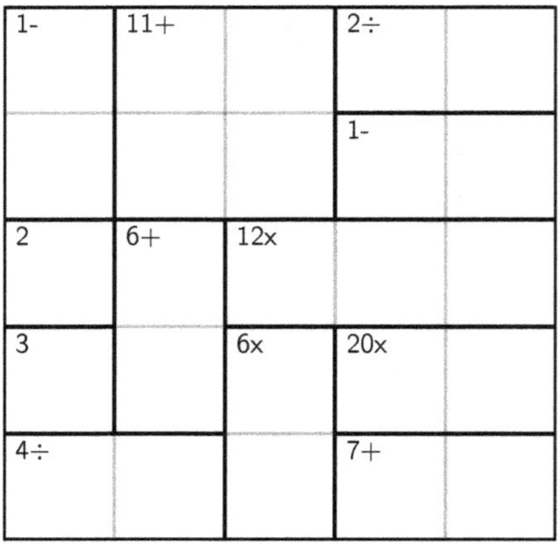

1-	11+		2÷	
			1-	
2	6+	12x		
3		6x	20x	
4÷			7+	

83

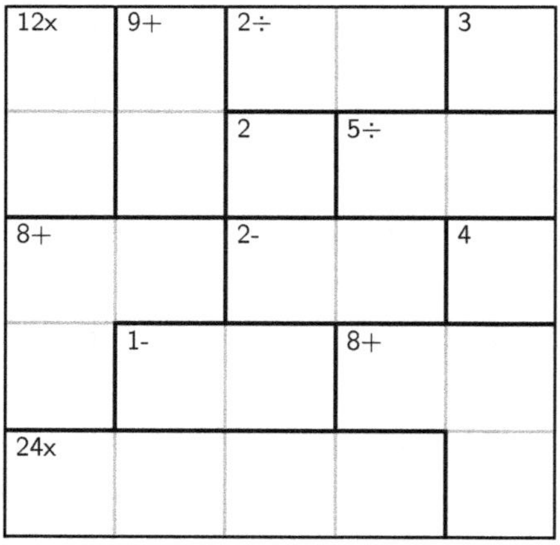

12x	9+	2÷		3
		2	5÷	
8+		2-		4
	1-		8+	
24x				

84

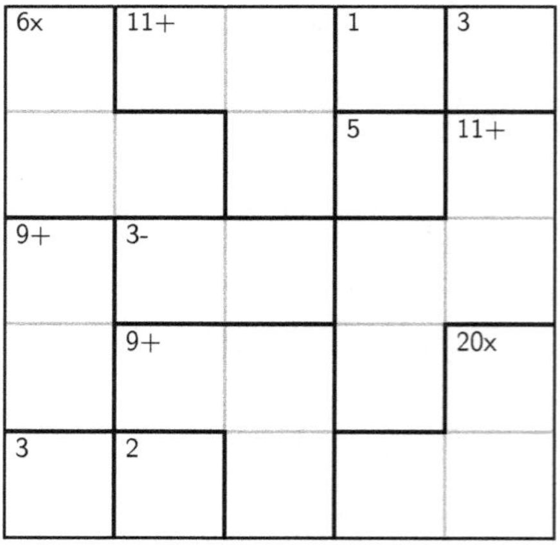

6x	11+		1	3
			5	11+
9+	3-			
		9+		20x
3	2			

73 Solution

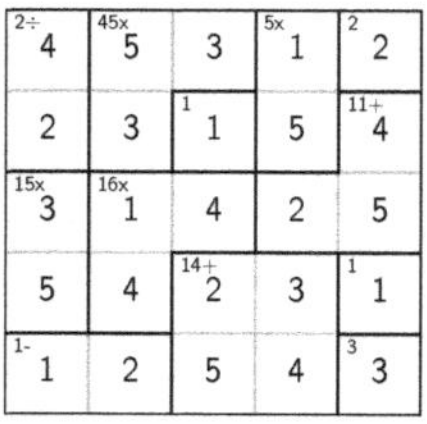

²⁴	⁴⁵ˣ⁵	3	⁵ˣ1	²2
2	3	¹1	5	¹¹⁺4
¹⁵ˣ3	¹⁶ˣ1	4	2	5
5	4	¹⁴⁺2	3	¹1
¹⁻1	2	5	4	³3

74 Solution

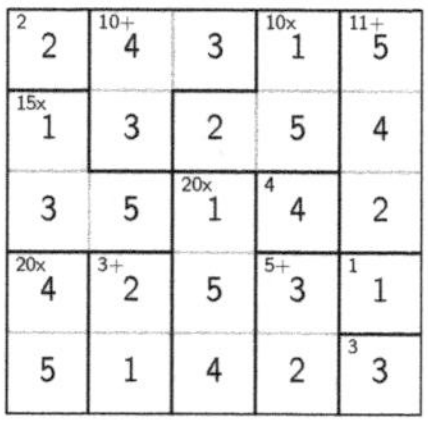

²2	¹⁰⁺4	3	¹⁰ˣ1	¹¹⁺5
¹⁵ˣ1	3	2	5	4
3	5	²⁰ˣ1	⁴4	2
²⁰ˣ4	³⁺2	5	⁵⁺3	¹1
5	1	4	2	³3

75 Solution

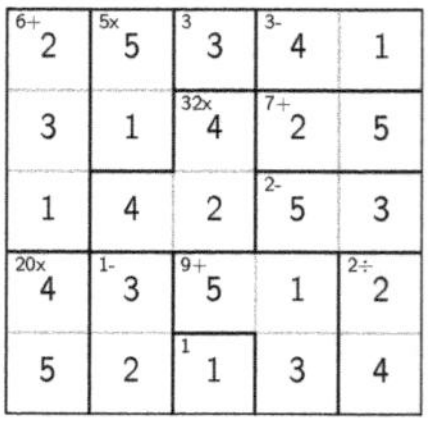

⁶⁺2	⁵ˣ5	³3	³⁻4	1
3	1	³²ˣ4	⁷⁺2	5
1	4	2	²⁻5	3
²⁰ˣ4	¹⁻3	⁹⁺5	1	²⁺2
5	2	¹1	3	4

76 Solution

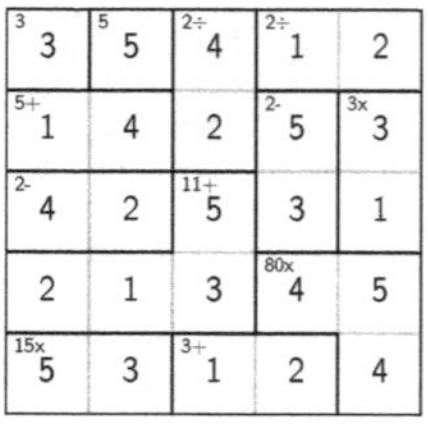

³3	⁵5	²⁺4	²⁺1	2
⁵⁺1	4	2	²⁻5	³ˣ3
²⁻4	2	¹¹⁺5	3	1
2	1	3	⁸⁰ˣ4	5
¹⁵ˣ5	3	³⁺1	2	4

85

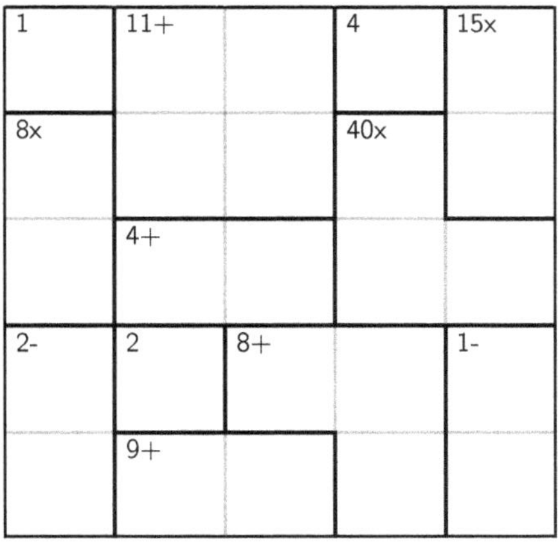

1	11+		4	15x
8x			40x	
	4+			
2-	2	8+		1-
	9+			

86

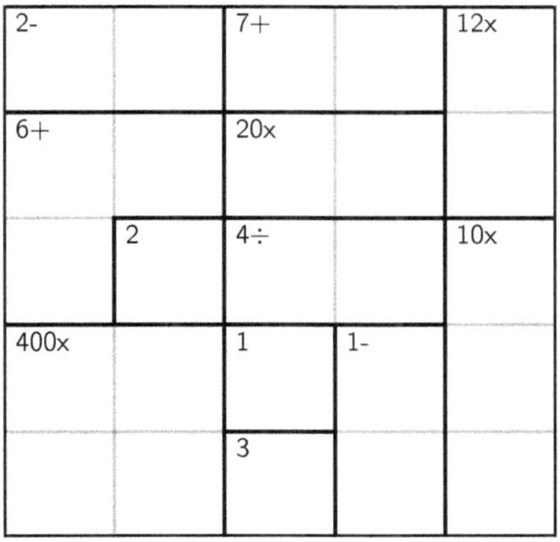

2-		7+		12x
6+		20x		
		2	4÷	10x
400x			1	1-
			3	

87

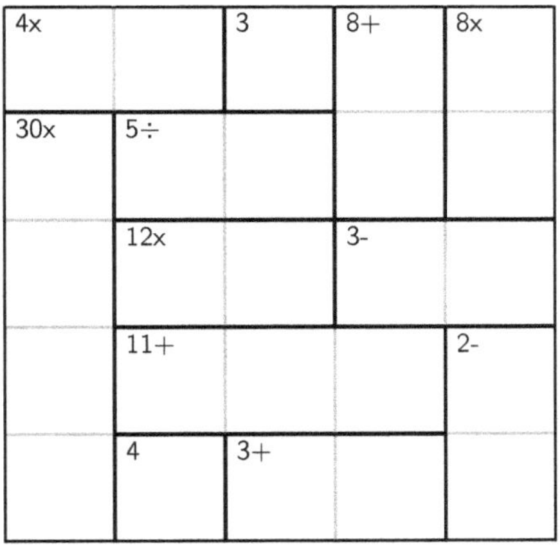

4x		3	8+	8x
30x	5÷			
	12x		3-	
	11+			2-
		4	3+	

88

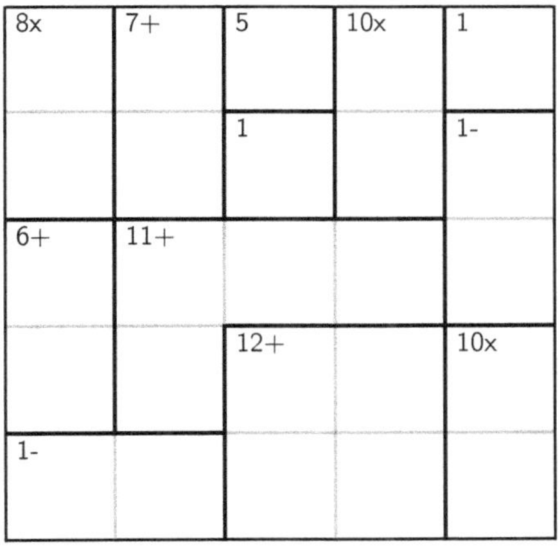

8x	7+	5	10x	1
			1	1-
6+	11+			
			12+	10x
1-				

77 Solution

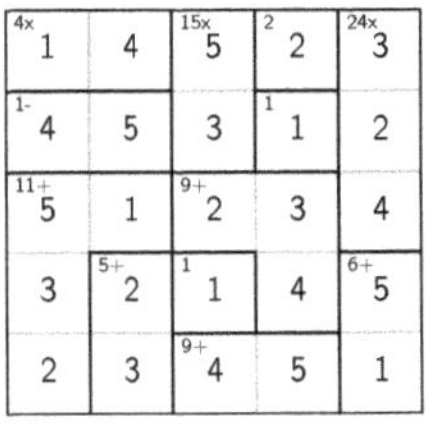

4x 1	4	15x 5	2 2	24x 3
1- 4	5	3	1 1	2
11+ 5	1	9+ 2	3	4
3	5÷ 2	1	4	6+ 5
2	3	9+ 4	5	1

78 Solution

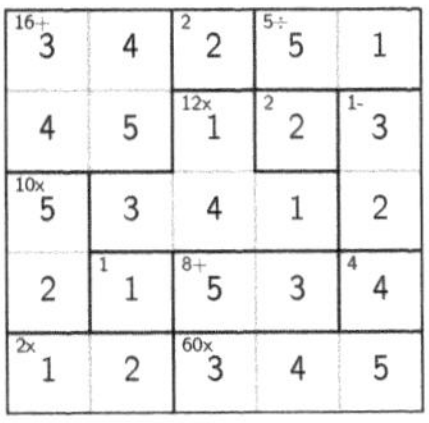

16+ 3	4	2 2	5÷ 5	1
4	5	12x 1	2	1- 3
10x 5	3	4	1	2
2	1	8+ 5	3	4
2x 1	2	60x 3	4	5

79 Solution

4x 4	8+ 1	30x 5	3	2
1	4	3	2 2	1- 5
2- 3	5	2÷ 2	1	4
5	1- 2	1	8+ 4	3
5- 2	3	20x 4	5	1

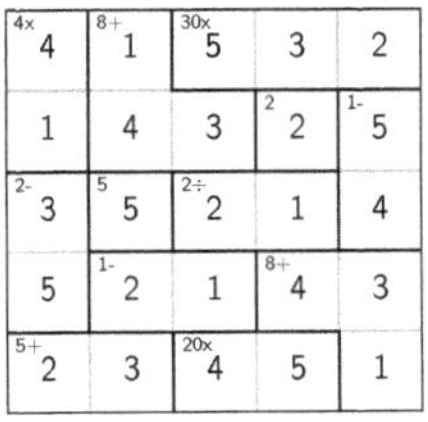

80 Solution

4	30x 5	2	3	4- 1
6x 3	2	4x 4	1	5
2 2	4	1	2- 5	3
9+ 1	3	9+ 5	4	8+ 2
5	4+ 1	3	2	4

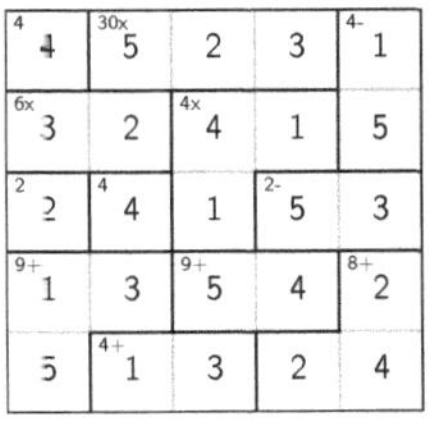

89

4÷		12+	6x	
3x			10x	1-
	12+			
7+			4	1
		3-		3

90

24x	2-		1	6x
		11+	20x	
5	1-	3÷		9+
3		8x		

91

40x	20x			3
	3	1	10x	
		2	3	32x
9+				
9+			5÷	

92

12x	8x	15x	11+	
				2
4-	4+		10+	4
		2÷		
7+			3	

81 Solution

3 3	3+ 2	1- 4	5 5	8+ 1
9+ 5	1	3	2x 2	4
4	3- 5	2	1	3
1- 2	12x 4	60x 1	3	7+ 5
1	3	5	4	2

82 Solution

1- 4	11+ 3	5	2÷ 2	1
5	2	1	1- 3	4
2 2	6+ 5	12x 4	1	3
3 3	1	6x 2	20x 4	5
4÷ 1	4	3	7+ 5	2

83 Solution

12x 4	9+ 5	2÷ 1	2	3 3
3	4	2 2	5÷ 5	1
8+ 1	2	2- 5	3	4 4
5	1- 3	4	8+ 1	2
24x 2	1	3	4	5

84 Solution

6x 2	11+ 5	4	1 1	3 3
1	3	2	5 5	11+ 4
9+ 5	3- 4	1	3	2
4	9+ 1	3	2	20x 5
3 3	2 2	5	4	1

93

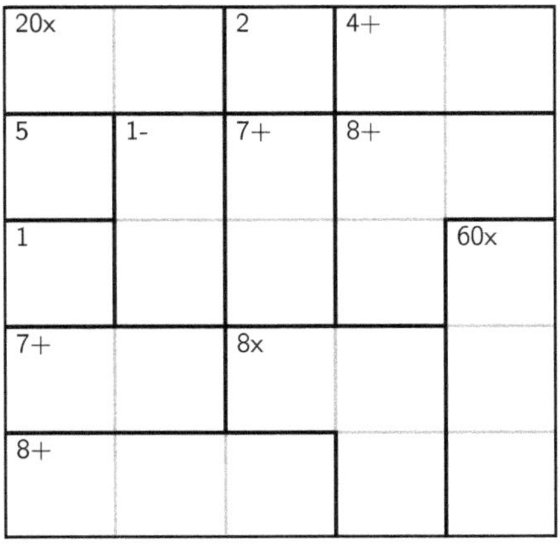

20x		2	4+	
5	1-	7+	8+	
1				60x
7+		8x		
8+				

94

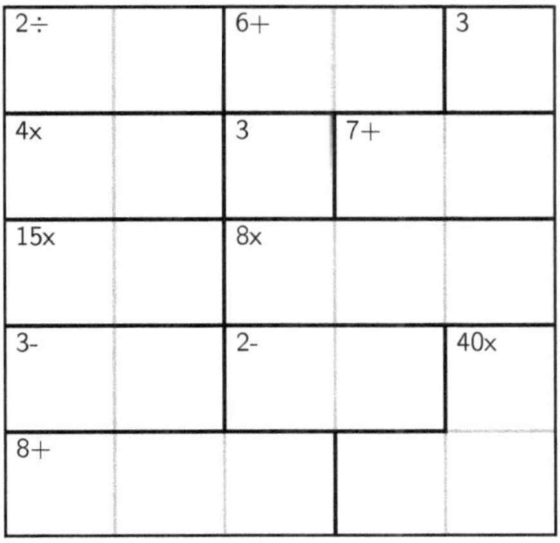

2÷		6+		3
4x		3	7+	
15x		8x		
3-		2-		40x
8+				

95

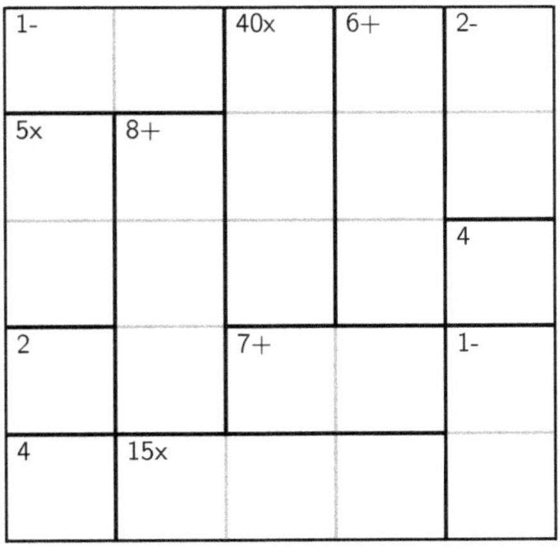

1-		40x	6+	2-
5x	8+			
				4
2		7+		1-
4	15x			

96

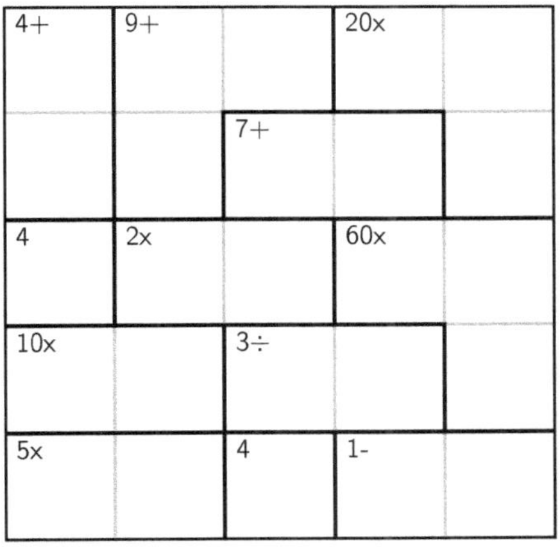

4+	9+		20x	
			7+	
4	2x		60x	
10x		3÷		
5x		4	1-	

85 Solution

1	11+ 5	2	4	15x 3
8x 4	3	1	40x 2	5
2	4+ 1	3	5	4
2- 5	2	8+ 4	3	1- 1
3	9+ 4	5	1	2

86 Solution

2- 1	3	7+ 2	5	12x 4
6+ 2	1	20x 5	4	3
3	2	4+ 4	1	10x 5
400x 4	5	1	1- 3	2
5	4	3- 3	2	1

87 Solution

4x 4	1	3	8+ 5	8x 2
30x 2	5÷ 5	1	3	4
1	12x 3	4	3- 2	5
3	11+ 2	5	4	2- 1
5	4	3+ 2	1	3

88 Solution

8x 4	7+ 3	5	10x 2	1
2	4	1 1	5	1- 3
6+ 1	11+ 5	2	3	4
5	1	12x 3	4	10x 2
1- 3	2	4	1	5

97

7+		7+	10x	4+
2-				
	2	1	20x	
7+		4-		11+
5x				

98

20x			18x	
5÷		9+		9+
7+				
1-			1	5
4	4+		3-	

99

12+				5+
5	12x			
5+		120x	4	5
2				
15x		4	3+	

100

8x		3	6+	1-
	3	5		
13+				2
	10x	2-	5x	
			12x	

89 Solution

4÷ 4	1	12+ 5	6x 3	2
3x 1	4	3	10x 2	1- 5
3	12+ 2	1	5	4
7+ 5	3	2	4 4	1 1
2	5	3- 4	1	3 3

90 Solution

24x 4	2- 5	3	1 1	6x 2
2	3	11+ 5	20x 4	1
1	4	2	5	3
5 5	1- 2	3÷ 1	3	9+ 4
3 3	1	8x 4	2	5

91 Solution

40x 2	20x 4	5	1	3 3
4	3 3	1 1	10x 2	5
1	5	2 2	3 3	32x 4
9+ 5	1	3	4	2
9+ 3	2	4	5÷ 5	1

92 Solution

12x 4	8x 2	15x 3	11+ 1	5
3	4	1	5	2 2
4- 1	4+ 3	5	10+ 2	4 4
5	1	2÷ 2	4	3
7+ 2	5	4	3 3	1

101

6x		40x		
13+	1-	6+		
		1	5+	3
	6+	2		9+
			4	

102

5÷		6x	8+	
3-			4	
11+			6x	
4+		3-	5	
7+			3-	

103

2	2-	4+	10+	3
5÷				
	60x		8x	3-
12x		7+		
			4+	

104

3	3+		20x	
120x		7+		2÷
4÷		5x		
		6x	3-	1-
6+				

93 Solution

20x 4	5	2 2	4+ 3	1
5 5	1- 3	7+ 4	8+ 1	2
1 1	2	3	5	60x 4
7+ 3	4	8x 1	2	5
8+ 2	1	5	4	3

94 Solution

2÷ 4	2	6+ 5	1	3 3
4x 1	4	3 3	7+ 2	5
15x 5	3	8x 2	4	1
3- 2	5	2- 1	3	40x 4
8+ 3	1	4	5	2

95 Solution

1- 3	4	40x 2	6+ 1	2- 5
5x 5	8+ 1	4	2	3
1	2	5	3	4 4
2 2	5	7+ 3	4	1- 1
4 4	15x 3	1	5	2

96 Solution

4+ 1	9+ 3	2	20x 4	5
3	4	7+ 5	2	1
4 4	2x 2	1	60x 5	3
10x 2	5	3÷ 3	1	4
5x 5	1	4 4	1- 3	2

105

1-		1	10x	
2÷	10x	11+		8+
			1-	
4	10+			12x
6+				

106

3	12+			
20x		5+	5+	
1-			4	10x
	3	160x	5	
			4+	

107

7+		4-	10x	
2	4		4+	60x
3+		9+		
9+				
	10x		4÷	

108

1-		11+	3	5+
15x				
4	3	9+	3-	
5				30x
8x				

97 Solution

7+ 2	4	7+ 3	10x 5	4+ 1
2- 5	1	4	2	3
3	2 2	1 1	20x 4	5
7+ 4	3	4- 5	1	11+ 2
5x 1	5	2	3	4

98 Solution

20x 1	4	5	18x 2	3
5÷ 5	1	9+ 2	3	9+ 4
7+ 2	5	3	4	1
1- 3	2	4	1 1	5 5
4 4	4+ 3	1	3- 5	2

99 Solution

12+ 4	2	1	5	5+ 3
5 5	12x 4	3	1	2
5+ 1	3	120x 2	4 4	5 5
2 2	1	5	3	4
15x 3	5	4 4	3+ 2	1

100 Solution

8x 1	4	3 3	6+ 2	1- 5
2	3 3	5 5	1	4
13+ 4	5	1	3	2 2
3	10x 2	2- 4	5x 5	1
5	1	2	12x 4	3

109

36x			1-	10x
5	4			
7+	3-		12+	8+
	2x			
3+		5		

110

1-	5	1	2-	
	8x	8+	60x	
				5x
5÷	9+	6+		
			2-	

111

5+	2÷		5x	
	13+			
4÷	60x	1-		8x
		2	5	
5		2-		

112

3-		2	15x	
12x			7+	32x
3	11+			
3-	5+			
		4x		3

101 Solution

6x 2	3	40x 4	5	1
13+ 3	1- 4	6+ 5	1	2
4	5	1 1	5+ 2	3 3
5	6+ 1	2 2	3	9+ 4
1	2	3	4 4	5

102 Solution

5÷ 5	1	6x 2	8+ 3	4
3- 2	5	3	4 4	1
11+ 4	2	5	6x 1	3
4+ 1	3	3- 4	5 5	2
7+ 3	4	1	3- 2	5

103 Solution

2 2	2- 4	4+ 1	10+ 5	3 3
5÷ 5	2	3	1	4
1	60x 3	4	8x 2	3- 5
12x 3	1	7+ 5	4	2
4	5	2	4+ 3	1

104 Solution

3 3	3+ 2	1	20x 4	5
120÷ 2	5	7+ 4	3	2÷ 1
4÷ 4	3	5x 5	1	2
1	4	6x 2	3- 5	1- 3
6+ 5	1	3	2	4

113

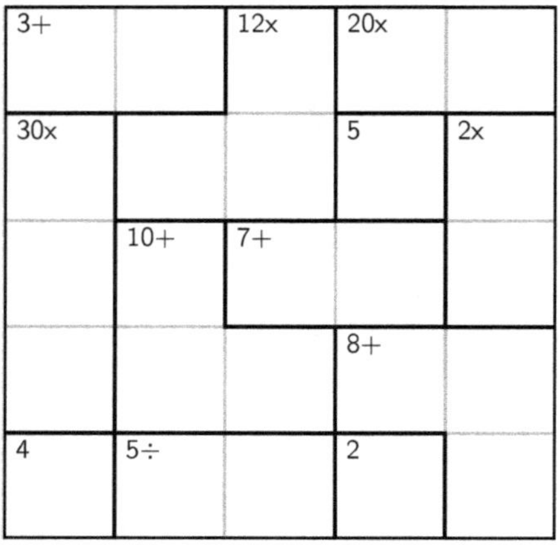

3+		12x	20x	
30x			5	2x
	10+	7+		
			8+	
4	5÷		2	

114

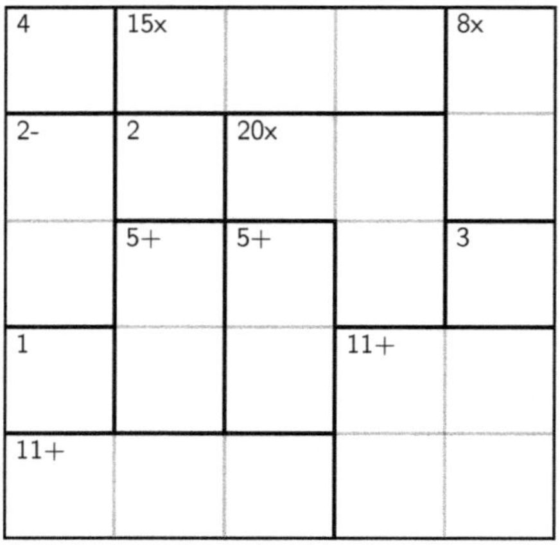

4	15x			8x
2-	2	20x		
		5+	5+	3
1			11+	
11+				

115

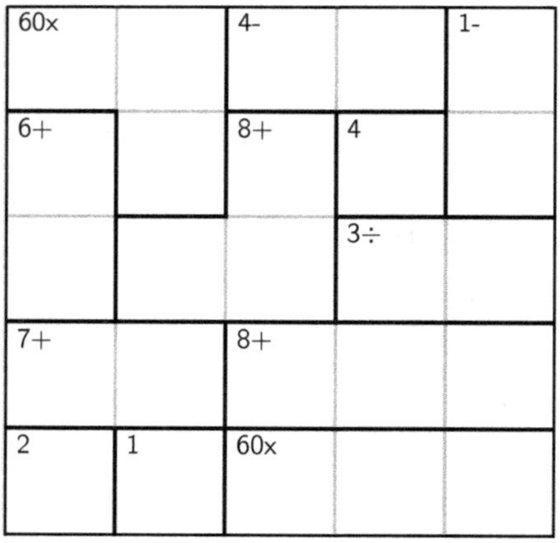

60x		4-		1-
6+		8+	4	
			3÷	
7+		8+		
2	1	60x		

116

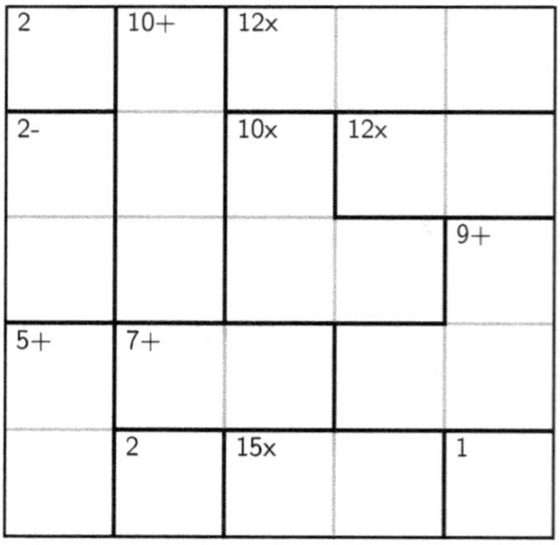

2	10+	12x		
2-		10x	12x	
				9+
5+	7+			
	2	15x		1

105 Solution

1-3	4	1·1	10x·5	2
2÷1	10x·2	11+·3	4	8+·5
2	5	4	1-·1	3
4	10+·3	5	2	12x·1
6+·5	1	2	3	4

106 Solution

3	12+·2	5	1	4
20x·5	4	5+·1	5+·2	3
1-·2	1	3	4	10x·5
1	3	160x·4	5	2
4	5	2	4+·3	1

107 Solution

7+·4	3	4-·1	10x·5	2
2	4	5	4+·1	60x·3
3+·1	2	9+·4	3	5
9+·5	1	3	2	4
3	10x·5	2	4+·4	1

108 Solution

1-·1	2	11+·5	3	5+·4
15x·3	5	2	4	1
4	3	9+·1	3-·2	5
5	4	3	1	30x·2
8x·2	1	4	5	3

117

7+	20x	30x	11+	
6+				4
5x		4	2	1
	1-		1-	

118

5	8+	2-		5+
		60x	4	
			7+	1-
6x		2÷		
1-			3x	

119

30x		7+		
		3	20x	
3x		10x		7+
6+		6+		
1-		2	3÷	

120

2	5+		10+	
12x		75x	9+	
				4
5	6+			3
		1-		1

109 Solution

36x 1	3	4	1- 2	10x 5
5 5	4 4	3	1	2
7+ 3	3- 5	2	12+ 4	8+ 1
4	2x 2	1	5	3
3+ 2	1	5 5	3	4

110 Solution

1- 3	5 5	1 1	2- 4	2
2	8x 1	8+ 5	60x 3	4
4	2	3	5	5x 1
5÷ 1	9+ 3	6+ 4	2	5
5	4	2	2- 1	3

111 Solution

5+ 3	2÷ 2	4	5x 1	5
2	13+ 1	5	4	3
4÷ 4	60x 5	1- 3	2	8x 1
1	3	2 2	5 5	4
5 5	4	2- 1	3	2

112 Solution

3- 1	4	2 2	15x 3	5
12x 4	1	3	7+ 5	32x 2
3 3	11+ 5	1	2	4
3- 2	5+ 3	5	4	1
5	2	4x 4	1	3 3

121

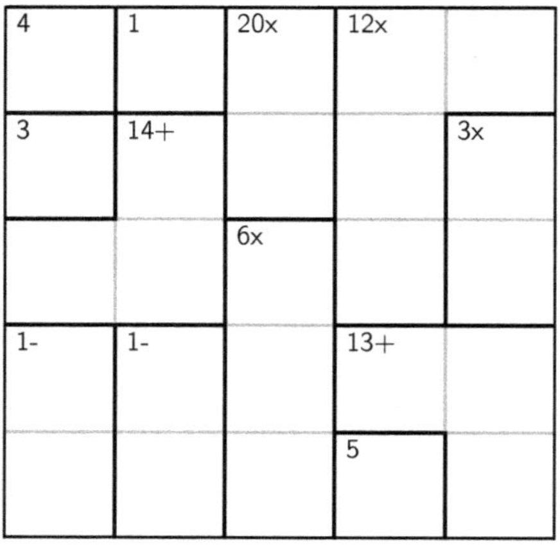

4	1	20x	12x	
3	14+			3x
		6x		
1-	1-		13+	
			5	

122

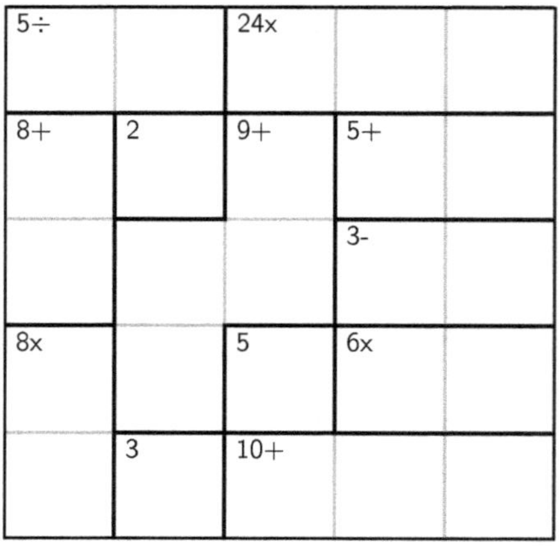

5÷			24x	
8+	2	9+	5+	
			3-	
8x			5	6x
		3	10+	

123

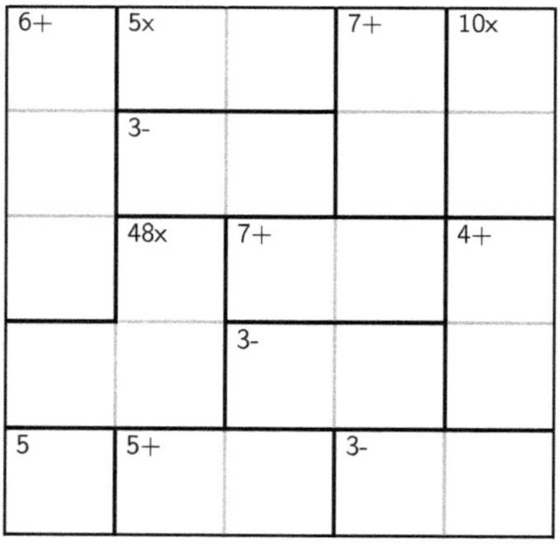

6+	5x		7+	10x
	3-			
	48x	7+		4+
		3-		
5	5+		3-	

124

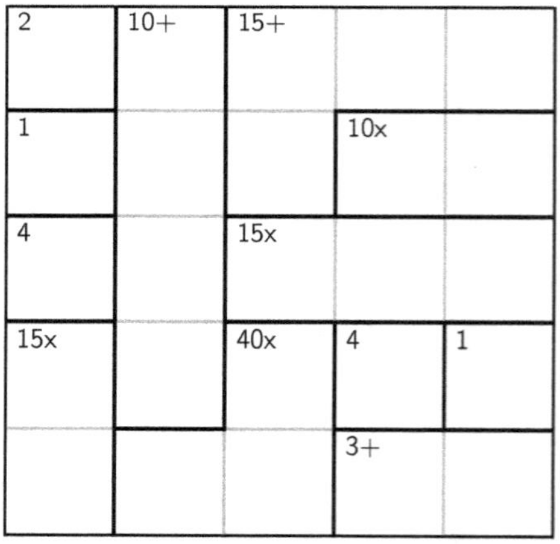

2	10+	15+		
1			10x	
4		15x		
15x		40x	4	1
			3+	

113 Solution

3+ 1	2	12x 3	20x 4	5
30x 3	4	1	5	2x 2
2	10+ 5	7+ 4	3	1
5	3	2	8+ 1	4
4	5+ 1	5	2 2	3

114 Solution

4	15x 3	1	5	8x 2
2- 3	2	20x 5	1	4
5	5+ 1	5+ 2	4	3 3
1 1	4	3	11+ 2	5
11+ 2	5	4	3	1

115 Solution

60x 3	4	4- 5	1	1- 2
6+ 1	5	8+ 2	4	3
5	2	4	3÷ 3	1
7+ 4	3	8+ 1	2	5
2	1 1	60x 3	5	4

116 Solution

2	10+ 5	12x 1	4	3
2- 5	1	10x 2	12x 3	4
3	4	5	1	9+ 2
5+ 1	7+ 3	4	2	5
4	2 2	15x 3	5	1 1

125

5+	5÷		8x	
	2-	1	60x	
11+		2		
		12x	2-	
5+			10x	

126

9+			1	5
9+		6x		
6x			20x	
3÷		1-		11+
5	1			

127

12x	6+		2	20x
		5		
1	60x	9+		
3-			4-	
	3-		5+	

128

15x		4	2-	1-
	8x	7+		
6+			2-	
		7+	20x	
5			8x	

117 Solution

7+ 4	20x 5	30x 2	11+ 1	3
3	4	1	5	2
6+ 2	1	5	3	4 4
5x 5	3	4 4	2 2	1 1
1	1- 2	3	1- 4	5

118 Solution

5 5	8+ 4	2- 3	1	5+ 2
2	1	60x 5	4 4	3
1	3	4	7+ 2	1- 5
6x 3	2	2÷ 1	5	4
1- 4	5	2	3x 3	1

119 Solution

30x 5	3	7+ 4	1	2
1	2	3 3	20x 4	5
3x 3	1	10x 5	2	7+ 4
6+ 2	4	6+ 1	5	3
1- 4	5	2 2	3÷ 3	1

120 Solution

2 2	5+ 4	1	10+ 3	5
12x 4	3	75x 5	9+ 1	2
1	5	3	2	4 4
5 5	6+ 1	2	4	3 3
3	2	1- 4	5	1 1

129

6x		20x		2
	9+		11+	
10+	6x	2x		
			5	6+
	4	1-		

130

4-	3-	8+		5+
		3-	4	
4	12x		4+	
		4x	12+	
15x				

131

10+			10x	
	17+		6x	
		1		4
3÷	2-	7+	1	5
			1-	

132

12+		3	2	2÷
	8+		9+	
		1-		15x
10x	4+		3	
		8x		

121 Solution

(4) 4	(1) 1	(20x) 5	(12x) 3	2
(3) 3	(14+) 5	4	2	(3x) 1
5	4	(6x) 2	1	3
(1-) 1	(1-) 2	3	(13+) 4	5
2	3	1	(5) 5	4

122 Solution

(5÷) 1	5	(24x) 2	4	3
(8+) 5	(2) 2	(9+) 3	(5+) 1	4
3	4	1	(3-) 2	5
(8x) 4	1	(5) 5	(6x) 3	2
2	(3) 3	(10+) 4	5	1

123 Solution

(6+) 3	(5x) 5	1	(7+) 4	(10x) 2
2	(3-) 1	4	3	5
1	(48x) 4	(7+) 5	2	(4+) 3
4	3	(3-) 2	5	1
(5) 5	(5+) 2	3	(3-) 1	4

124 Solution

(2) 2	(10+) 1	(15+) 5	3	4
(1) 1	4	3	(10x) 2	5
(4) 4	2	(15x) 1	5	3
(15x) 5	3	(40x) 2	(4) 4	(1) 1
3	5	4	(3+) 1	2

133

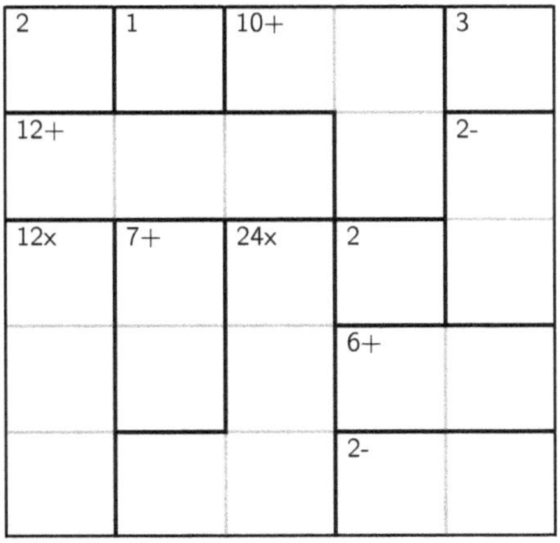

2	1	10+		3
12+				2-
12x	7+	24x	2	
			6+	
			2-	

134

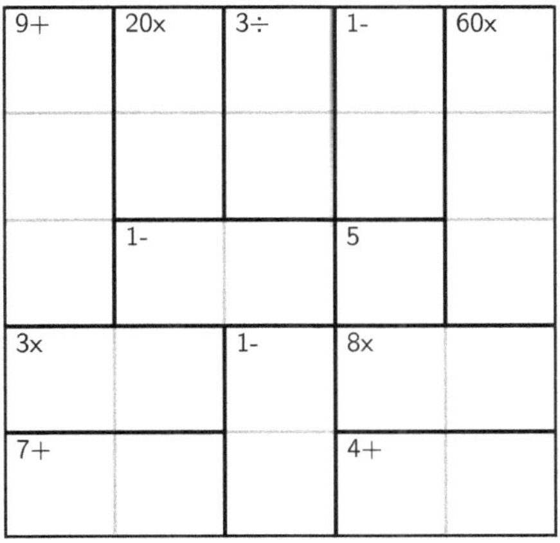

9+	20x	3÷	1-	60x
		1-		5
3x		1-	8x	
7+			4+	

135

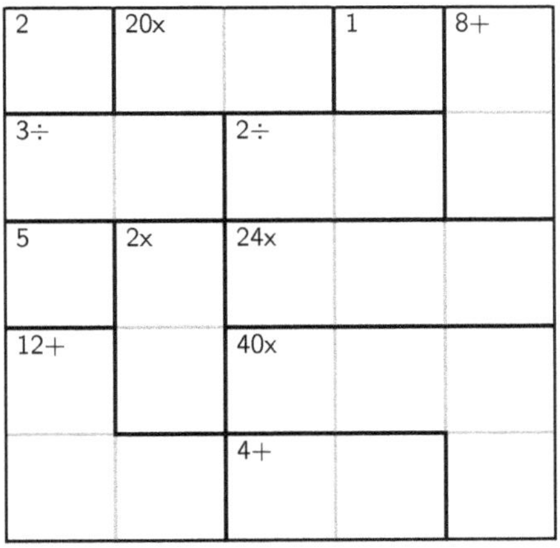

2	20x		1	8+
3÷		2÷		
5	2x	24x		
12+		40x		
		4+		

136

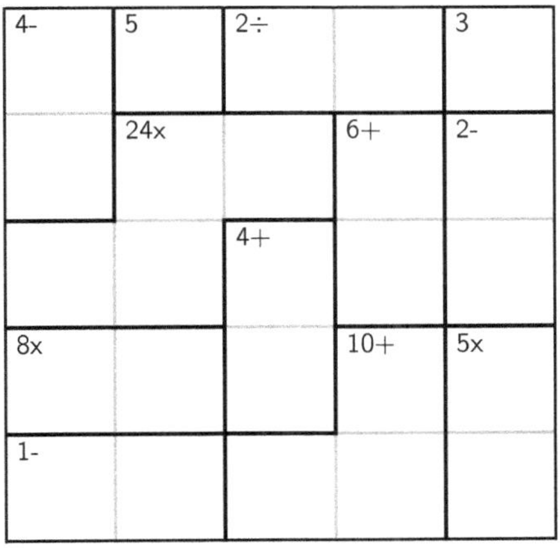

4-	5	2÷		3
	24x		6+	2-
		4+		
8x			10+	5x
1-				

125 Solution

5+ 3	5÷ 1	5	8x 2	4
2	2- 3	1	60x 4	5
11+ 4	5	2 2	1	3
5	2	12x 4	2- 3	1
5+ 1	4	3	10x 5	2

126 Solution

9+ 2	4	3	1 1	5 5
9+ 4	5	6x 2	3	1
6x 3	2	1	20x 5	4
3÷ 1	3	1- 5	4	11+ 2
5	1 1	4	2	3

127 Solution

12x 4	6+ 1	3	2 2	20x 5
3	2	5 5	1	4
1 1	60x 5	9+ 2	4	3
3- 2	3	4	4- 5	1
5	3- 4	1	5+ 3	2

128 Solution

15x 1	5	4 4	2- 3	1- 2
3	8x 4	7+ 2	5	1
6+ 4	2	5	2- 1	3
2	1	7+ 3	20x 4	5
5	3	1	8x 2	4

137

120x			3÷	
	5+	2	5	4
		9+		1-
15+		3x	6x	
				5

138

10+			30x	3
30x	6+			4÷
	6x			
	1	12+	4x	2
				5

139

5	12x	8+		
2-			6+	12+
	3-	5+		
2			24x	
4	5÷			

140

5	6x	8+		
2÷		1-	5	12+
			1-	
3	9+			
1	60x			

129 Solution

6x 3	1	20x 5	4	2 2
2	9+ 5	4	11+ 1	3
10+ 5	6x 2	2x 1	3	4
4	3	2	5 5	6+ 1
1	4 4	1- 3	2	5

130 Solution

4- 1	3- 4	8+ 3	5	5+ 2
5	1	3- 2	4 4	3
4 4	12x 2	5	4+ 3	1
2	3	4x 4	12+ 1	5
15x 3	5	1	2	4

131 Solution

10+ 4	1	3	10x 5	2
2	17+ 5	4	6x 3	1
5	3	1 1	2	4 4
3÷ 3	2- 4	7+ 2	1 1	5 5
1	2	5	1- 4	3

132 Solution

12+ 4	5	3 3	2 2	2÷ 1
3	8+ 4	1	9+ 5	2
1	2	1- 5	4	15x 3
10x 2	4+ 1	4	3 3	5
5	3	8x 2	1	4

141

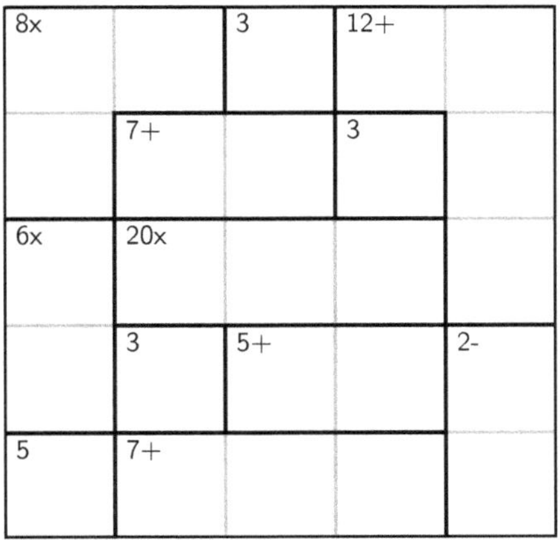

8x		3	12+	
	7+		3	
6x	20x			
	3	5+		2-
5	7+			

142

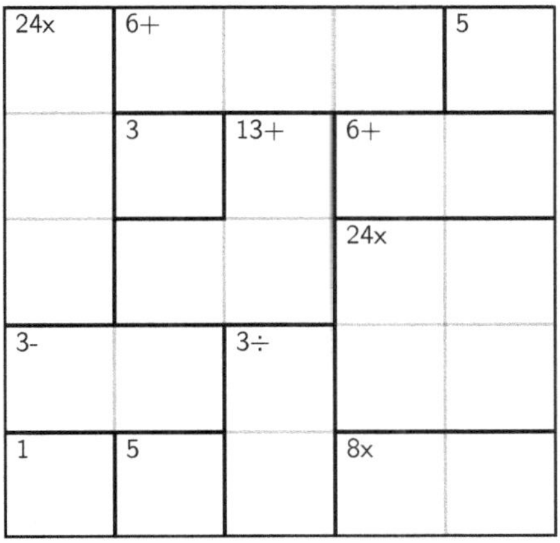

24x	6+			5
		3	13+	6+
				24x
3-			3÷	
1		5		8x

143

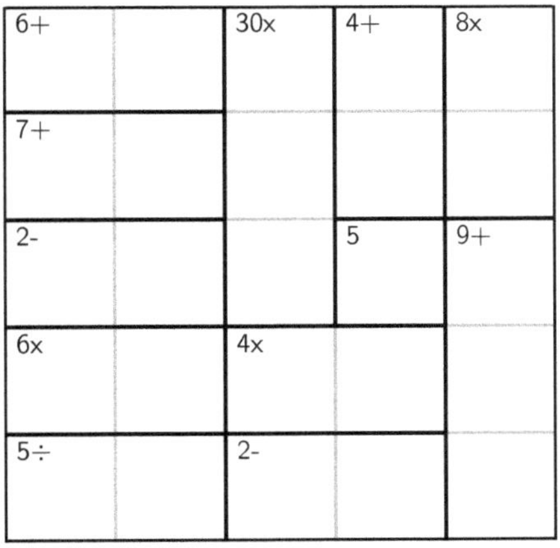

6+		30x	4+	8x
7+				
2-			5	9+
6x		4x		
5÷		2-		

144

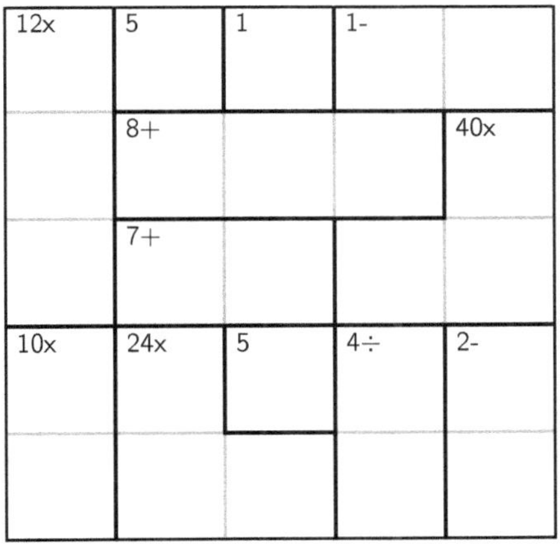

12x	5	1	1-	
	8+			40x
	7+			
10x	24x	5	4÷	2-

133 Solution

2	1	10+	4	3
2	1	5	4	3
12+ 5	3	4	1	2- 2
12x 3	7+ 5	24x 1	2 2	4
4	2	3	6+ 5	1
1	4	2	2- 3	5

134 Solution

9+ 2	20x 4	3÷ 3	1- 1	60x 5
4	5	1	2	3
3	1- 1	2	5 5	4
3x 1	3	1- 5	8x 4	2
7+ 5	2	4	4+ 3	1

135 Solution

2 2	20x 4	5	1	8+ 3
3÷ 1	3	2÷ 2	4	5
5 5	2x 1	24x 3	2	4
12+ 3	2	40x 4	5	1
4	5	4+ 1	3	2

136 Solution

4- 1	5	2÷ 2	4	3
5	24x 3	4	6+ 1	2- 2
2	1	4+ 3	5	4
8x 4	2	1	10+ 3	5x 5
1- 3	4	5	2	1

145

8+		2	5+	
9+		3	8+	
	10x	20x	4	
4x			3	30x

146

10x			3x	2÷
3	9+			
10+	12x	6+	2÷	3
				11+
	2			

147

4x	7+	15x	3÷	4
				1-
10+	3-		2	
		6+		6+
	60x			

148

8x	20x	2-		12+
		3÷		
3	7+		1-	
1	15x	6+		
			5+	

137 Solution

120x 5	2	4	3÷ 1	3
3	5+ 1	2 2	5 5	4 4
1	3	9+ 5	4	1- 2
15+ 4	5	3x 3	6x 2	1
2	4	1	3	5 5

138 Solution

10+ 4	5	1	30x 2	3 3
30x 5	6+ 4	2	3	4÷ 1
1	6x 2	3	5	4
3	1 1	12+ 5	4x 4	2 2
2	3	4	1	5 5

139 Solution

5 5	12x 4	8+ 3	2	1
2- 1	3	2	6+ 5	12+ 4
3	3- 2	5+ 4	1	5
2 2	5	1	24x 4	3
4 4	5÷ 1	5	3	2

140 Solution

5 5	6x 2	8+ 1	4	3
2÷ 2	1	1- 3	5 5	12+ 4
4	3	2	1- 1	5
3 3	9+ 4	5	2	1
1 1	60x 5	4	3	2

149

10x	6+			16x
	1-	5+		
3-			4+	8+
	2÷	14+		
3				2

150

1-		10+		8x
7+		1		
6+		20x	1	
2			180x	
5÷		2		

151

6+		20x	3÷	
2x			15x	
45x		10+	4	3-
			7+	
	3-			2

152

12x		2	1	150x
2	11+			
10+				4
		8+	12x	2x
4÷				

141 Solution

8x 4	2	3 3	12+ 5	1
1	7+ 5	2	3 3	4
6x 3	20x 4	5	1	2
2	3 3	5+ 1	4	2- 5
5 5	7+ 1	4	2	3

142 Solution

24x 4	6+ 1	2	3	5 5
2	3 3	13+ 4	6+ 5	1
3	4	5	24x 1	2
3- 5	2	3÷ 1	4	3
1 1	5 5	3	8x 2	4

143 Solution

6+ 5	1	30x 2	4+ 3	8x 4
7+ 3	4	5	1	2
2- 4	2	3	5 5	9+ 1
6x 2	3	4x 1	4	5
5÷ 1	5	2- 4	2	3

144 Solution

12x 4	5 5	1 1	1- 3	2
3	8+ 1	2	5	40x 4
1	7+ 4	3	2	5
10x 2	24x 3	5 5	4÷ 4	2- 1
5	2	4	1	3

153

24x	5	2	3-	
		5	24x	
10+		8+		
	3x		8+	
	2	1-		

154

3	6+		5x	
10x			1-	8+
11+	3÷			
	12x	5	12x	
		1		

155

5	8+			1-
24x	5+	20x	3	
			5+	60x
	5			
2÷		8+		

156

5+		50x	6+	
			9+	3
2-	6x	4x		10x
			2-	
5	1-			

145 Solution

8+ 5	3	2 2	5+ 1	4
9+ 2	4	3 3	8+ 5	1
3	10x 1	20x 5	4 4	2
4x 4	2	1	3 3	30x 5
1	5	4	2	3

146 Solution

10x 2	1	5	3x 3	2÷ 4
3 3	9+ 5	4	1	2
10+ 5	12x 4	6+ 1	2÷ 2	3 3
1	3	2	4	11+ 5
4	2 2	3	5	1

147 Solution

4x 1	7+ 2	15x 5	3÷ 3	4 4
4	5	3	1	1- 2
10+ 5	3- 4	1	2 2	3
3	1	6+ 2	4	6+ 5
2	60x 3	4	5	1

148 Solution

8x 2	20x 4	2- 1	3	12+ 5
4	5	3÷ 3	1	2
3 3	7+ 2	5	1- 4	1
1 1	15x 3	6+ 2	5	4
5	1	4	5+ 2	3

157

9+		6x	2	1
6x	15x		9+	
			12x	
2x		14+		
4	4-			

158

8+		8x		
6x		30x	3-	
6+				4
8x			2-	
1	2÷		2-	

159

3-		7+		1
7+	7+			12+
	3x			
5x		4	24x	
	10x		3	

160

30x		2÷		4-
		3	4	
8x		8+	15x	
6+	7+		3	8x

149 Solution

10x 5	6+ 3	1	2	16x 4
2	1- 5	5+ 3	4	1
3- 1	4	2	4+ 3	8+ 5
4	2÷ 2	14+ 5	1	3
3 3	1	4	5	2 2

150 Solution

1- 5	4	10+ 3	2	8x 1
7+ 4	3	1 1	5	2
6+ 3	2	20x 5	1 1	4
2 2	1	4	180x 3	5
5÷ 1	5	2 2	4	3

151 Solution

6+ 4	2	20x 5	3÷ 1	3
2x 2	1	4	15x 3	5
45x 5	3	10+ 2	4 4	3- 1
1	5	3	7+ 2	4
3	3- 4	1	5	2 2

152 Solution

12x 4	3	2 2	1 1	150x 5
2 2	11+ 1	4	5	3
10+ 3	5	1	2	4 4
5	2	8+ 3	12x 4	2x 1
4÷ 1	4	5	3	2

161

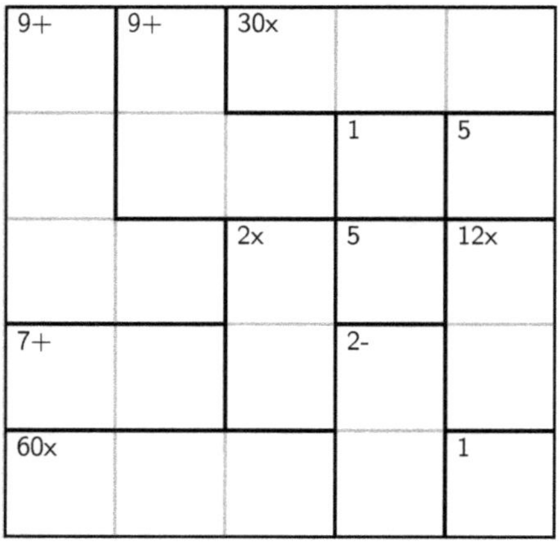

9+	9+	30x		
			1	5
		2x	5	12x
7+			2-	
60x				1

162

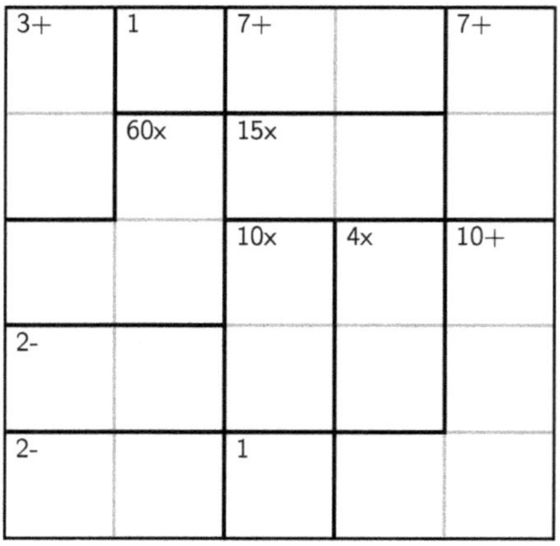

3+	1	7+		7+
		60x	15x	
			10x| 4x	10+
2-				
2-			1	

163

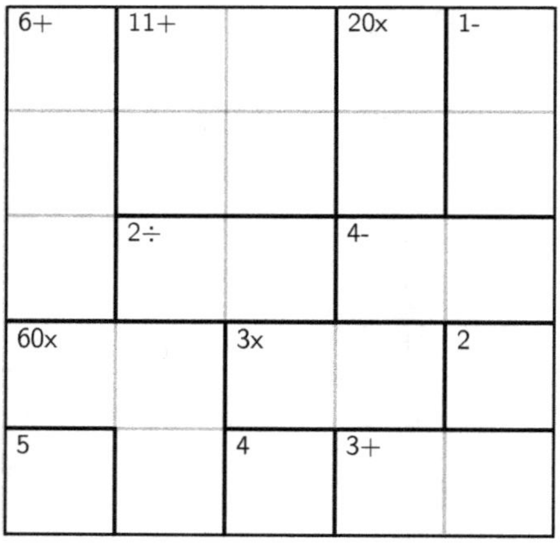

6+	11+		20x	1-
	2÷		4-	
60x		3x		2
5		4	3+	

164

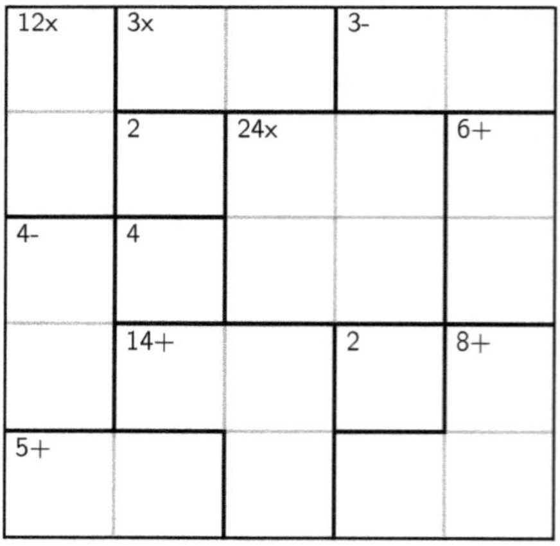

12x	3x		3-	
		2	24x		6+
4-	4			
	14+		2	8+
5+				

153 Solution

24x 3	5	2 2	3- 1	4
2	1	5 5	24x 4	3
10+ 1	4	8+ 3	5	2
4	3x 3	1	8+ 2	5
5	2 2	1- 4	3	1

154 Solution

3	6+ 2	4	5x 1	5
10x 1	5	2	1- 4	8+ 3
11+ 2	3÷ 1	3	5	4
4	12x 3	5 5	12x 2	1
5	4	1 1	3	2

155 Solution

5	8+ 2	1	4	1- 2
24x 2	5+ 4	20x 5	3 3	1
3	1	4	5+ 2	60x 5
4	5 5	2	1	3
2÷ 1	2	8+ 3	5	4

156 Solution

5+ 3	1	50x 5	6+ 2	4
1	5	2	9+ 4	3 3
2- 2	6x 3	4x 4	5	10x 1
4	2	1	2- 3	5
5 5	1- 4	3	1	2

165

3-		1-		10+
24x		10x	3	
	9+			
		9+		6x
5	2x		4	

166

7+	20x	4+		20x
		1-		
1			12+	
4	10+	5÷		2
			1-	

167

60x	5	8x		
		1	10+	
7+		3		20x
	10+		7+	
	2			1

168

11+	6x		1	40x
	4x			
	9+		2	3
	12x			9+
9+		2		

157 Solution

9+ 5	4	6x 3	2 2	1 1
6x 3	15x 1	2	9+ 4	5
2	3	5	12x 1	4
2x 1	2	14+ 4	5	3
4 4	4- 5	1	3	2

158 Solution

8+ 3	5	8x 4	1	2
6x 2	3	30x 5	3- 4	1
6+ 5	1	3	2	4 4
8x 4	2	1	2- 3	5
1 1	2÷ 4	2	2- 5	3

159 Solution

3- 2	5	7+ 3	4	1 1
7+ 3	7+ 4	2	1	12+ 5
4	3x 3	1	5	2
5x 5	1	4 4	24x 2	3
1	10x 2	5	3 3	4

160 Solution

30x 3	1	2÷ 4	2	4- 5
2	5	3 3	4 4	1
8x 4	2	8+ 1	15x 5	3
6+ 1	7+ 4	5	3 3	8x 2
5	3	2	1	4

169

5	12x		2	10x
12x	6+	2÷		
			3x	
	6+	16+		
2				5

170

13+	5	24x	1	8x
		4÷		5
3-	6+	13+	2	3x

171

3	10+	7+		10+
30x		5	12x	2x
		4		
6+		3	5x	

172

4	6x			3-
4+		20x		
3	5	8x		
2-		5	8+	
11+				

161 Solution

9+ 1	9+ 4	30x 5	3	2
4	2	3	1 1	5 5
3	1	2x 2	5 5	12x 4
7+ 2	5	1	2- 4	3
60x 5	3	4	2	1 1

162 Solution

3+ 2	1 1	7+ 4	3	7+ 5
1	60x 4	15x 3	5	2
5	3	10x 2	4x 4	10+ 1
2- 4	2	5	1	3
2- 3	5	1 1	2	4

163 Solution

6+ 1	11+ 2	3	20x 5	1- 4
2	1	5	4	3
3	2÷ 4	2	4- 1	5
60x 4	5	3x 1	3	2 2
5 5	3	4 4	3+ 2	1

164 Solution

12x 4	3x 1	3	3- 5	2
3	2 2	24x 1	4	6+ 5
4- 5	4 4	2	3	1
1	14+ 5	4	2 2	8+ 3
5+ 2	3	5	1	4

173

12+		1	5+	
7+		1-	4x	
			2-	
60x			1-	
2-		2	20x	

174

1	5	8x		13+
9+				
15x		1-		
12x	2	8+		
		4	7+	

175

1-	6x		10+	
	8+			
3÷		4	1-	20x
	2	4-		
6+			15x	

176

10+		9+		
	1	1-		10x
4+	12+			
	7+		4x	
5	2	12x		

165 Solution

3- 4	1	1- 3	2	10+ 5
24x 2	4	10x 5	3 3	1
3	9+ 5	2	1	4
1	3	9+ 4	5	6x 2
5 5	2x 2	1	4 4	3

166 Solution

7+ 5	20x 2	4+ 3	1	20x 4
2	1	1- 4	3	5
1 1	5	2	12+ 4	3
4 4	10+ 3	5÷ 1	5	2 2
3	4	5	1- 2	1

167 Solution

60x 3	5 5	8x 4	1	2
5	4	1 1	10+ 2	3
7+ 2	1	3 3	5	20x 4
1	10+ 3	2	7+ 4	5
4	2 2	5	3	1 1

168 Solution

11+ 5	6x 2	3	1 1	40x 4
3	4x 1	4	5	2
1	9+ 4	5	2 2	3 3
2	12x 3	1	4	9+ 5
9+ 4	5	2 2	3	1

177

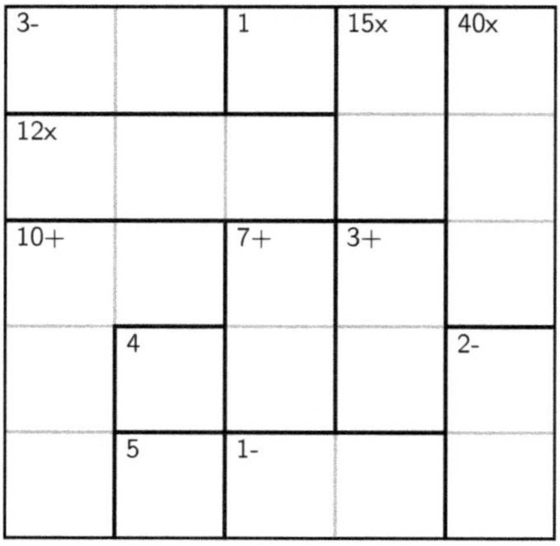

3-		1	15x	40x
12x				
10+		7+	3+	
	4			2-
	5	1-		

178

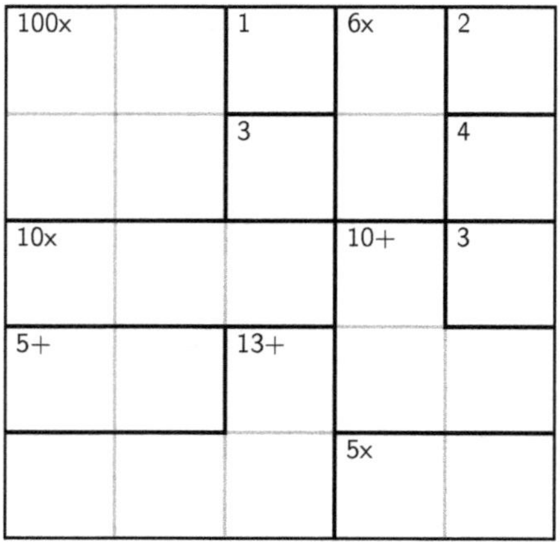

100x		1	6x	2
		3		4
10x			10+	3
5+		13+		
			5x	

179

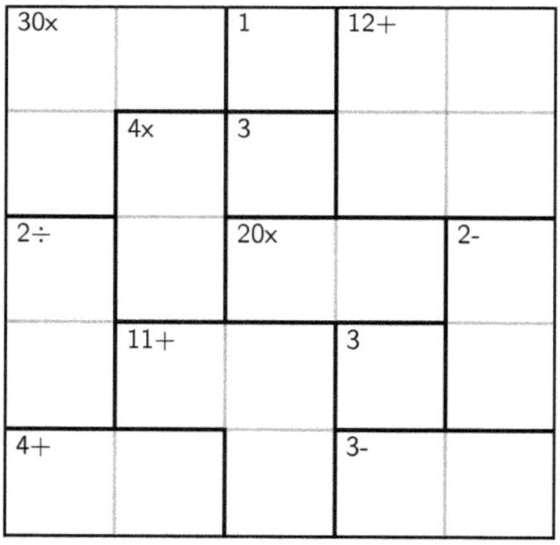

30x		1	12+	
	4x	3		
2÷		20x		2-
	11+		3	
4+			3-	

180

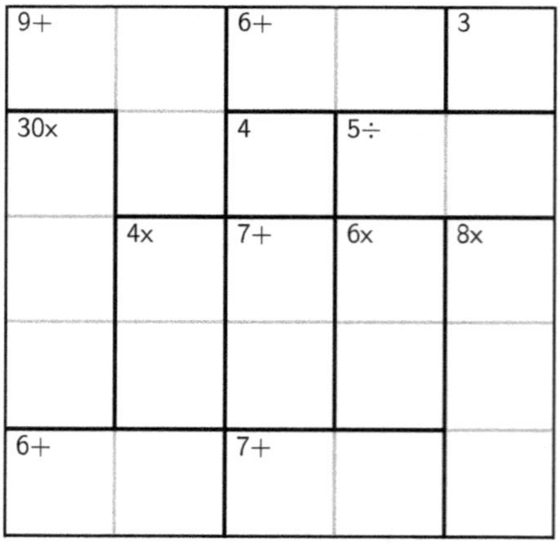

9+		6+		3
30x		4	5÷	
	4x	7+	6x	8x
6+		7+		

169 Solution

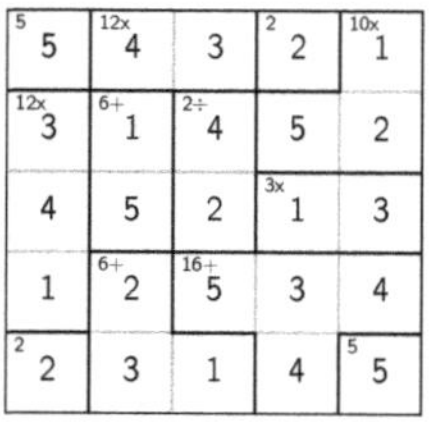

5	12x 4	3	2	10x 1
12x 3	6+ 1	2÷ 4	5	2
4	5	2	3x 1	3
1	6+ 2	16+ 5	3	4
2	3	1	4	5

170 Solution

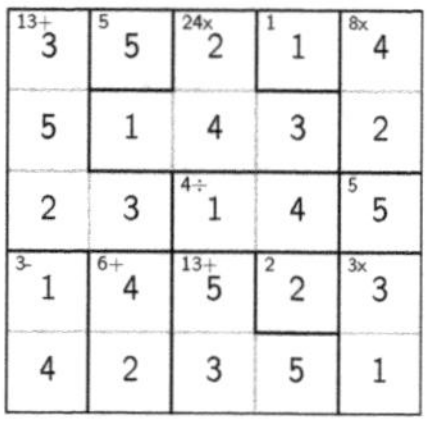

13+ 3	5	24x 2	1	8x 4
5	1	4	3	2
2	3	4÷ 1	4	5
3- 1	6+ 4	13+ 5	2	3x 3
4	2	3	5	1

171 Solution

3	10+ 1	7+ 2	5	10+ 4
5	4	1	2	3
30x 1	3	5	12x 4	2x 2
2	5	4	3	1
6+ 4	2	3	5x 1	5

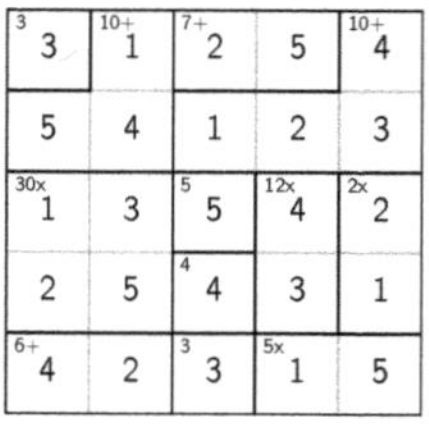

172 Solution

4	6x 1	3	2	3- 5
4+ 1	3	20x 4	5	2
3	5	8x 2	4	1
2- 2	4	5	8+ 1	3
11+ 5	2	1	3	4

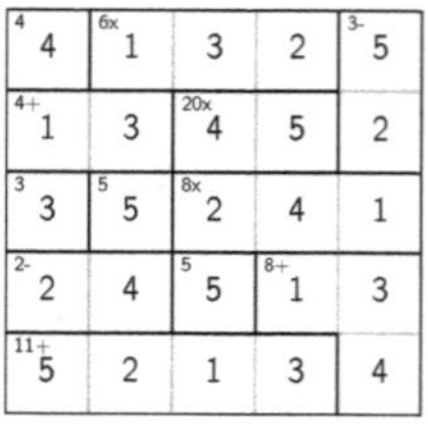

181

5+		1-	10x	
15x			1	12x
1-		20x	9+	
7+				
		8+		2

182

4+	5	24x		
	4	24x	6+	
2	1			11+
12+				
	10x		2-	

183

1-	6x	5	11+	5x
9+		3÷	2÷	
7+	6+		20x	1-

184

1	2-		4	6x
11+	8x		6+	
				6+
7+		30x		
			5	4

173 Solution

12+ 4	5	1 1	5+ 3	2
7+ 5	2	1- 3	4x 1	4
2	1	4	2- 5	3
60x 3	4	5	1- 2	1
2- 1	3	2 2	20x 4	5

174 Solution

1 1	5 5	8x 2	4	13+ 3
9+ 2	4	3	1	5
15x 5	3	1- 1	2	4
12x 4	2 2	8+ 5	3	1
3	1	4 4	7+ 5	2

175 Solution

1- 5	6x 1	3	10+ 4	2
4	8+ 5	2	3	1
3÷ 1	3	4 4	1- 2	20x 5
3	2 2	4- 5	1	4
6+ 2	4	1	15x 5	3

176 Solution

10+ 2	4	9+ 1	5	3
4	1 1	1- 3	2	10x 5
4+ 1	12+ 3	5	4	2
3	7+ 5	2	4x 1	4
5 5	2 2	12x 4	3	1

185

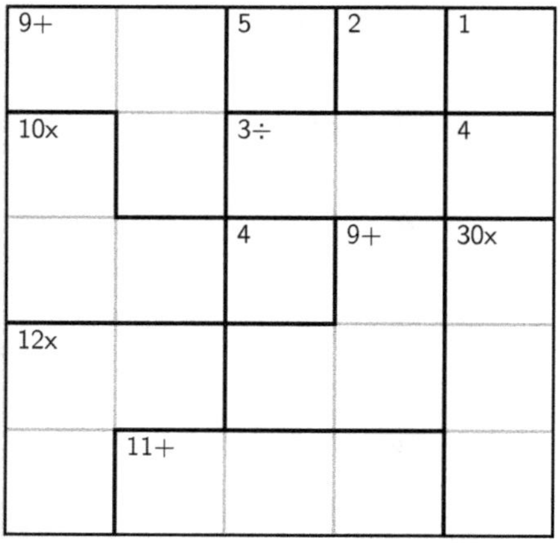

9+		5	2	1
10x		3÷		4
		4	9+	30x
12x				
	11+			

186

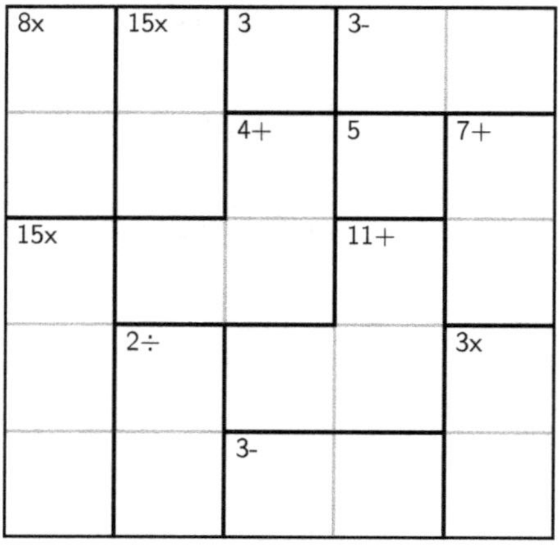

8x	15x	3	3-	
			4+	5	7+
15x				11+	
		2÷			3x
			3-		

187

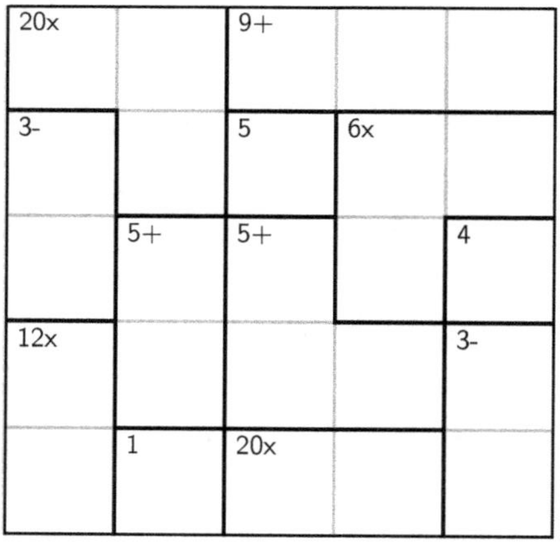

20x		9+		
3-		5	6x	
	5+	5+		4
12x				3-
		1	20x	

188

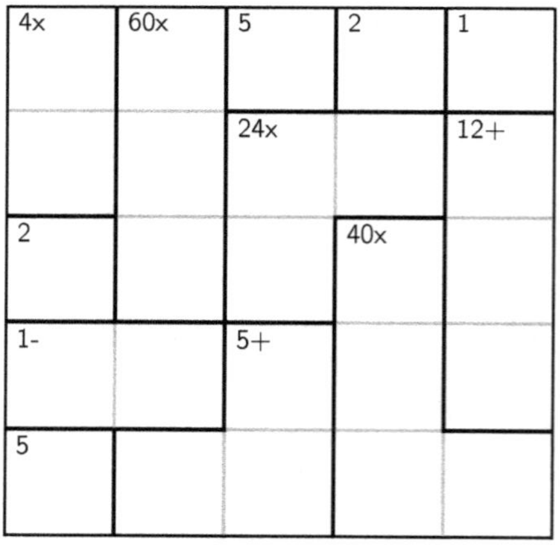

4x		60x	5	2	1
			24x		12+
2				40x	
1-			5+		
5					

177 Solution

3- 5	2	1 1	15x 3	40x 4
12x 3	1	4	5	2
10+ 4	3	7+ 2	3+ 1	5
1	4 4	5	2	2- 3
2	5 5	1- 3	4	1

178 Solution

100x 4	5	1 1	6x 3	2 2
5	1	3 3	2	4 4
10x 1	2	5	10+ 4	3 3
5+ 2	3	13+ 4	5	1
3	4	2	5x 1	5

179 Solution

30x 3	2	1 1	12÷ 5	4
5	4x 4	3 3	1	2
2÷ 2	1	20x 5	4	2- 3
4	11+ 5	2	3 3	1
4+ 1	3	4	3- 2	5

180 Solution

9+ 4	2	6+ 1	5	3 3
30x 2	3	4 4	5÷ 1	5
3	4x 4	7+ 5	6x 2	8x 1
5	1	2	3	4
6+ 1	5	7+ 3	4	2

189

5	1	11+		1-
3	30x			
3+		60x	11+	
			1	
7+			15x	

190

24x			2-	
	1-	4	20x	
8x		5		3+
	9+			
5÷		6x		4

191

7+	10x	3	4x	
			7+	
5+		30x		
1	10+	2÷	4-	10x

192

8x	12+			3+
		2-		
2	20x		8+	
5	3	4x		
3÷			9+	

181 Solution

5+ 4	1	1- 3	10x 2	5
15x 5	3	2	1 1	12x 4
1- 3	2	20x 4	9+ 5	1
7+ 2	5	1	4	3
1	4	8+ 5	3	2 2

182 Solution

4+ 1	5 5	24x 3	2	4
3	4 4	24x 2	6+ 5	1
2 2	1 1	4	3	11+ 5
12+ 5	3	1	4	2
4	10x 2	5	2- 1	3

183 Solution

1- 2	6x 3	5 5	11+ 4	5x 1
1	2	4	3	5
9+ 5	4	3÷ 3	2÷ 1	2
7+ 4	6+ 5	1	20x 2	1- 3
3	1	2	5	4

184 Solution

1 1	2- 5	3	4 4	6x 2
11+ 5	8x 2	4	6+ 1	3
2	4	1	3	6+ 5
7– 4	3	30x 5	2	1
3	1	2	5 5	4 4

193

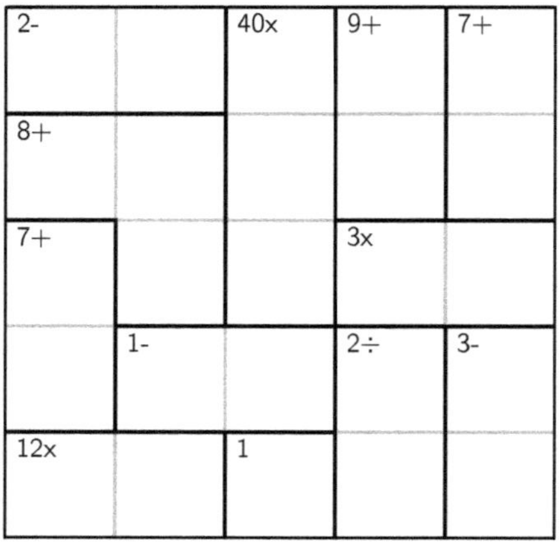

2-		40x	9+	7+
8+				
7+			3x	
	1-		2÷	3-
12x		1		

194

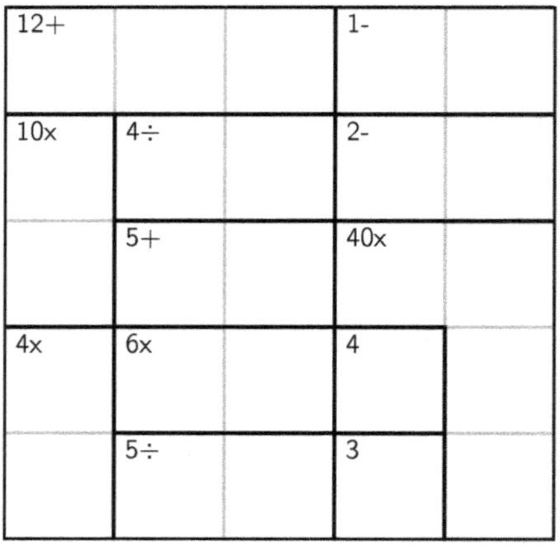

12+			1-	
10x	4÷		2-	
		5+		40x
4x	6x		4	
		5÷		3

195

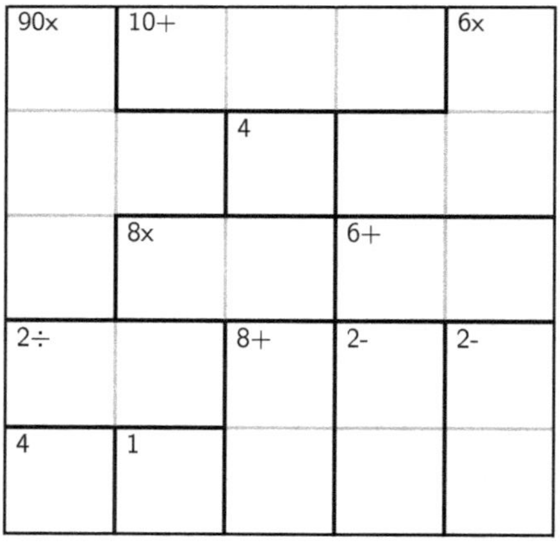

90x	10+			6x
		4		
	8x		6+	
2÷		8+	2-	2-
4	1			

196

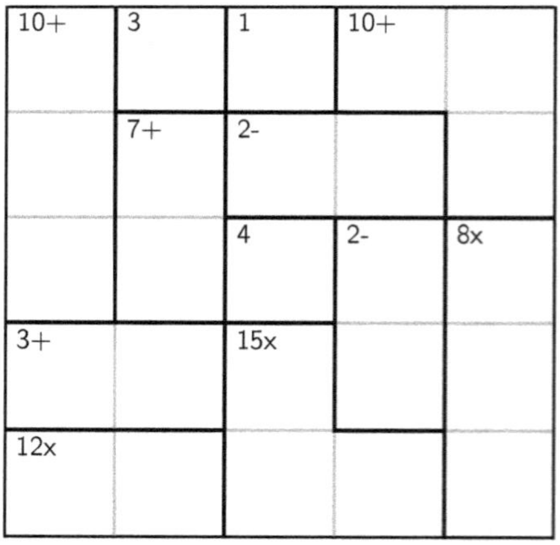

10+	3	1	10+	
	7+	2-		
		4	2-	8x
3+		15x		
12x				

185 Solution

9+ 4	3	5 5	2 2	1 1
10x 5	2	3÷ 3	1	4 4
2	1	4 4	9+ 3	30x 5
12x 3	4	1	5	2
1	11+ 5	2	4	3

186 Solution

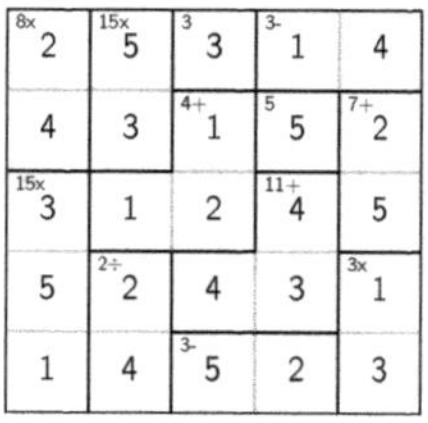

8x 2	15x 5	3 3	3- 1	4
4	3	4+ 1	5 5	7+ 2
15x 3	1	2	11+ 4	5
5	2÷ 2	4	3	3x 1
1	4	3- 5	2	3

187 Solution

20x 1	5	9+ 2	4	3
3- 2	4	5	6x 3	1
5	5+ 3	5+ 1	2	4 4
12x 4	2	3	1	3- 5
3	1	20x 4	5	2

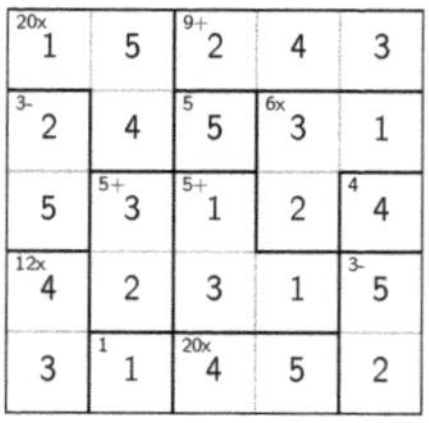

188 Solution

4x 4	60x 3	5 5	2 2	1 1
1	4	24x 2	3	12+ 5
2 2	5	4	40x 1	3
1- 3	2	5+ 1	5	4
5 5	1	3	4	2

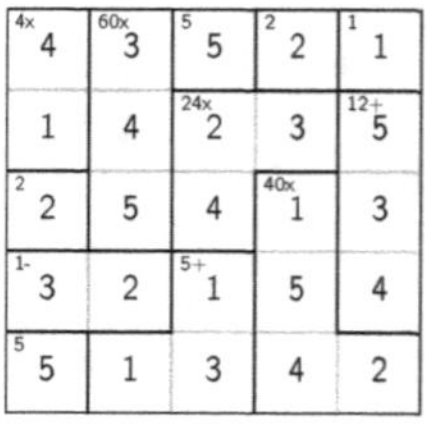

197

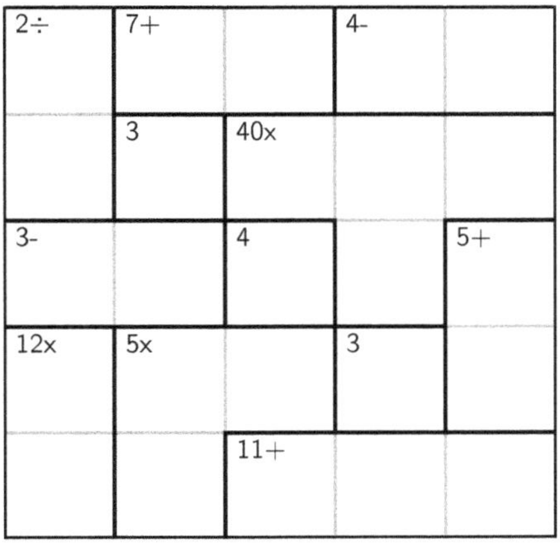

2÷	7+		4-	
	3	40x		
3-		4		5+
12x	5x		3	
		11+		

198

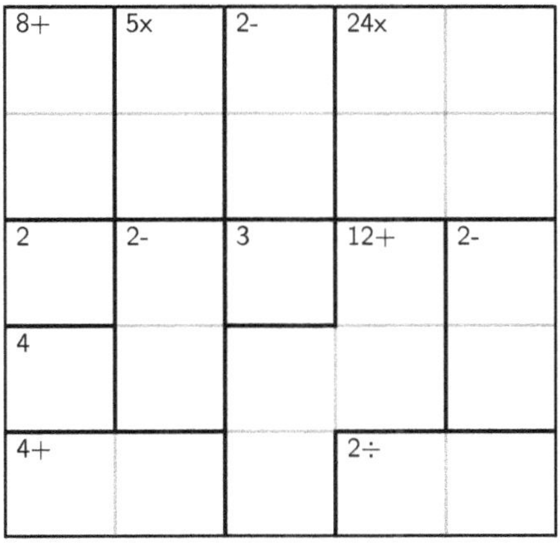

8+	5x	2-	24x	
2	2-	3	12+	2-
4				
4+			2÷	

199

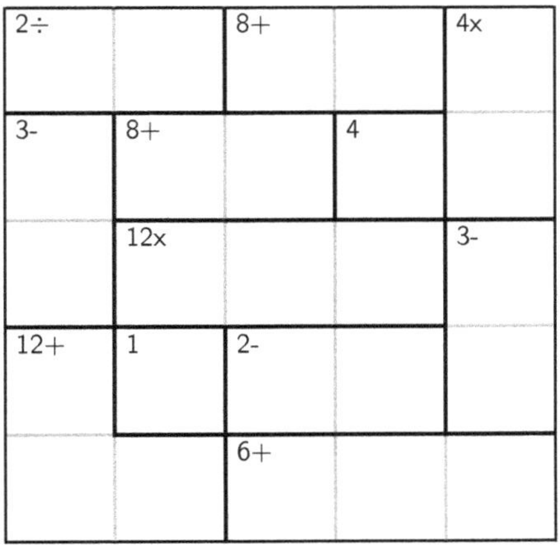

2÷		8+		4x
3-	8+		4	
	12x			3-
12+	1	2-		
		6+		

200

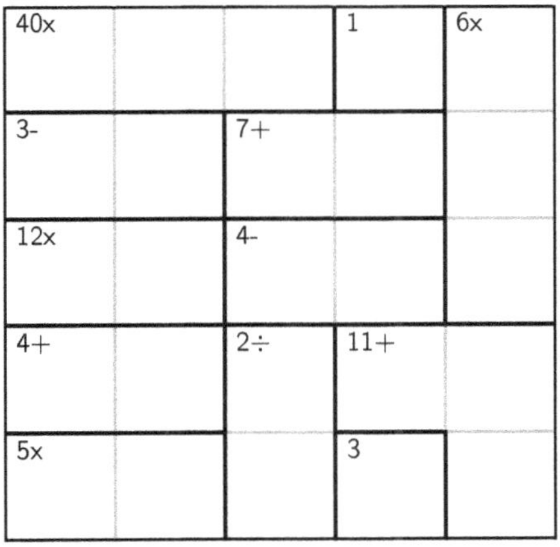

40x			1	6x
3-		7+		
12x		4-		
4+		2÷		11+
5x			3	

189 Solution

5	1	11+ 4	3	1- 2
3 3	30x 5	2	4	1
3+ 1	3	60x 5	11+ 2	4
2	4	3	1 1	5
7+ 4	2	1	15x 5	3

190 Solution

24x 1	4	2	2- 5	3
3	1- 2	4 4	20x 1	5
8x 2	3	5 5	4	3+ 1
4	9+ 5	1	3	2
5÷ 5	1	6x 3	2	4 4

191 Solution

7+ 2	10x 5	3	4x 4	1
5	2	1	7+ 3	4
5÷ 4	1	30x 5	2	3
1 1	10+ 3	2÷ 4	4- 5	10x 2
3	4	2	1	5

192 Solution

8x 1	12+ 5	4	3	3÷ 2
4	2	2- 3	5	1
2 2	20x 4	5	8+ 1	3
5	3 3	4x 1	2	4
3÷ 3	1	2	9+ 4	5

201

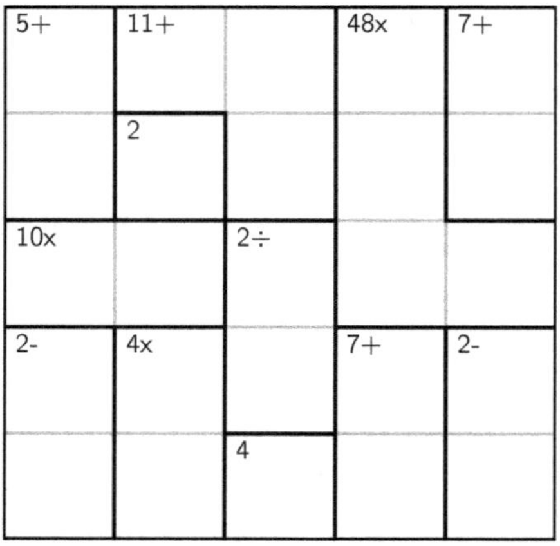

5+	11+		48x	7+
	2			
10x		2÷		
2-	4x		7+	2-
		4		

202

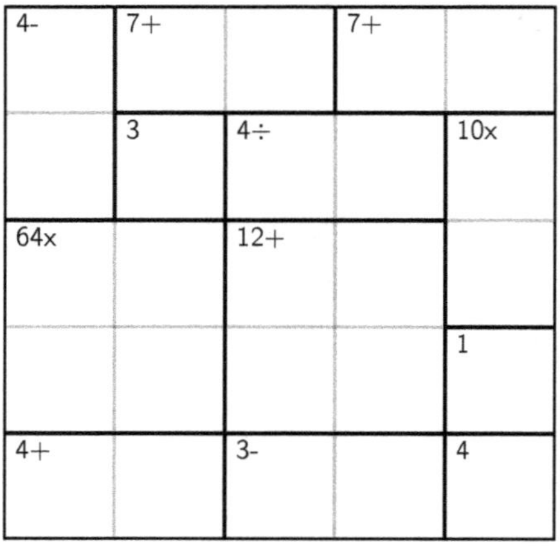

4-	7+		7+	
	3	4÷		10x
64x		12+		
				1
4+		3-		4

203

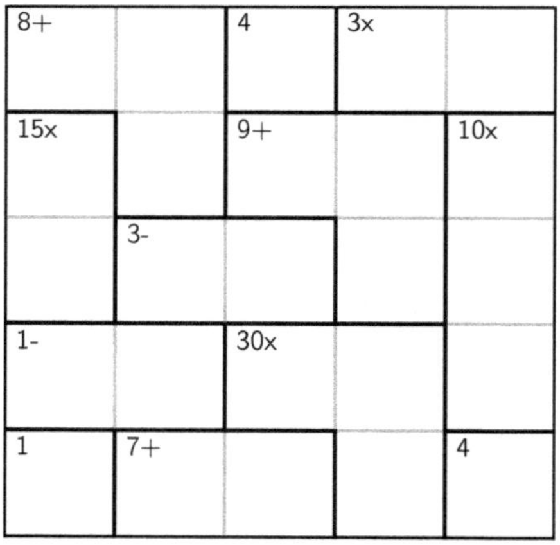

8+		4	3x	
15x		9+		10x
	3-			
1-		30x		
1	7+			4

204

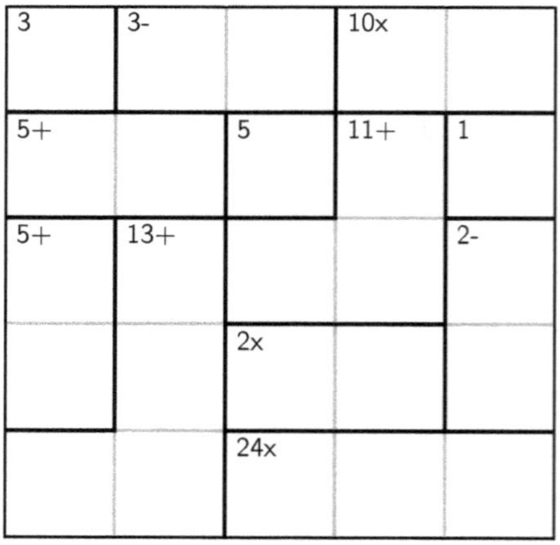

3	3-		10x	
5+		5	11+	1
5+	13+			2-
			2x	
			24x	

193 Solution

2-		40x	9+	7+
3	1	2	5	4
8+				
1	2	5	4	3
7+			3x	
2	5	4	3	1
	1-		2÷	3-
5	4	3	1	2
12x		1		
4	3	1	2	5

194 Solution

12+				1-	
3	5	4	2	1
10x		4÷		2-
2	4	1	5	3
		5÷		40x
5	3	2	4	1
4x		6x		4
1	2	3	4	5
		5÷		3
4	1	5	3	2

195 Solution

90x	10+			6x
2	5	1	4	3
		4		2-
5	3	4	2	1
	8x		6÷	
3	4	2	1	5
2÷		8+	2-	2-
1	2	5	3	4
	1			
4	1	3	5	2

196 Solution

10+	3	1	10+	
4	3	1	2	5
	7+	2-		
1	5	2	4	3
		4	2-	8x
5	2	4	3	1
3+		15x		
2	1	3	5	4
12x				
3	4	5	1	2

205

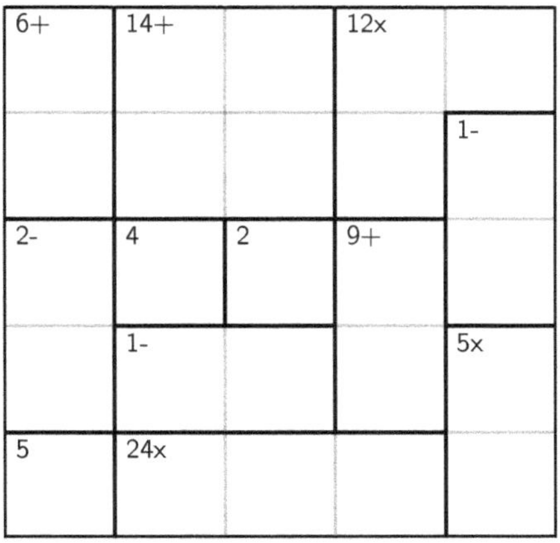

6+	14+		12x	
				1-
2-	4	2	9+	
	1-			5x
5	24x			

206

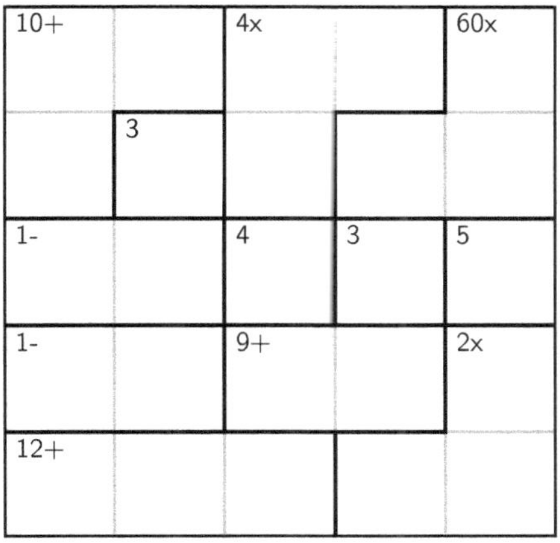

10+		4x		60x
	3			
1-		4	3	5
1-		9+		2x
12+				

207

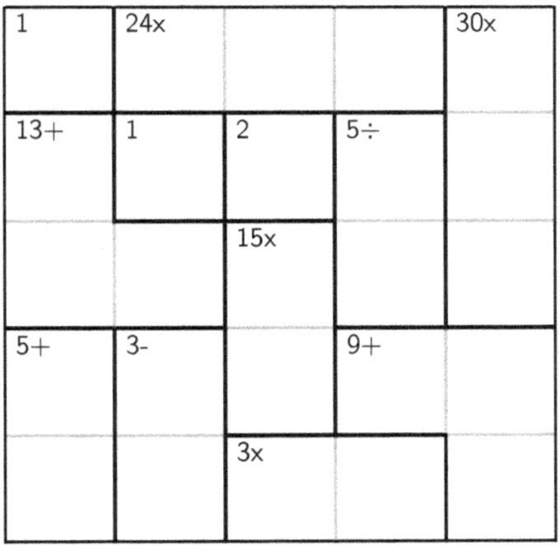

1	24x			30x
13+	1	2	5÷	
		15x		
5+	3-		9+	
		3x		

208

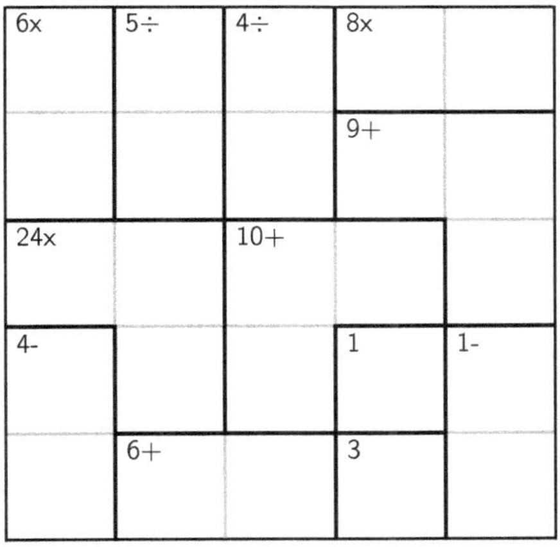

6x	5÷	4÷	8x	
			9+	
24x		10+		
4-			1	1-
	6+		3	

197 Solution

2÷ 2	7+ 4	3	4- 5	1
1	3 3	40x 2	4	5
3- 5	2	4 4	1	5+ 3
12x 4	5x 5	1	3 3	2
3	1	11÷ 5	2	4

198 Solution

8+ 3	5x 5	2- 2	24x 4	1
5	1	4	3	2
2 2	2- 4	3 3	12+ 1	2- 5
4	2	1	5	3
4÷ 1	3	5	2÷ 2	4

199 Solution

2÷ 1	2	8+ 3	5	4x 4
3- 2	8+ 3	5	4 4	1
5	12x 4	1	3	3- 2
12÷ 3	1	2- 4	2	5
4	5	6+ 2	1	3

200 Solution

40x 2	4	5	1 1	6x 3
3- 5	2	7+ 3	4	1
12x 4	3	4- 1	5	2
4÷ 3	1	2÷ 4	11+ 2	5
5x 1	5	2	3 3	4

209

5+		2	9+	
2÷	2	3		5
	5÷		1-	
13+			16x	
8+				

210

7+		10x		4÷
3÷		5x	5+	
20x				30x
8+			4	
5		3-		

211

1-	8x	3-		7+
6x	5	2x		20x
	7+		1	
1	14+			

212

14+		8+		
2		5÷		7+
1		7+		
1-	1	8x		3-
	15x			

201 Solution

5+ 4	11+ 3	5	48x 1	7+ 2
1	2 2	3	4	5
10x 2	5	2÷ 1	3	4
2- 3	4x 4	2	7+ 5	2- 1
5	1	4 4	2	3

202 Solution

4- 1	7+ 5	2	7+ 4	3
5	3 3	4÷ 4	1	10x 2
64x 4	2	12+ 1	3	5
2	4	3	5	1 1
4+ 3	1	3- 5	2	4 4

203 Solution

8+ 2	5	4 4	3x 1	3
15x 5	1	9+ 3	4	10x 2
3	3- 4	1	2	5
1- 4	3	30x 2	5	1
1 1	7+ 2	5	3	4 4

204 Solution

3 3	3- 4	1	10x 5	2
5+ 2	3	5 5	11+ 4	1 1
5+ 1	13+ 2	4	3	2- 5
4	5	2x 2	1	3
5	1	24x 3	2	4

213

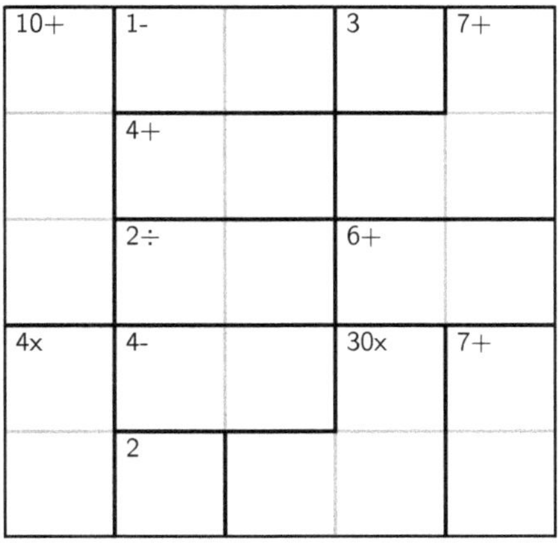

10+	1-		3	7+
	4+			
	2÷		6+	
4x	4-		30x	7+
	2			

214

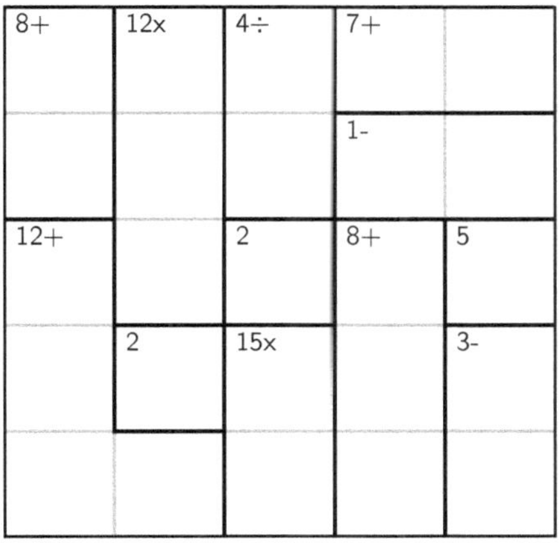

8+	12x	4÷	7+	
			1-	
12+		2	8+	5
	2	15x		3-

215

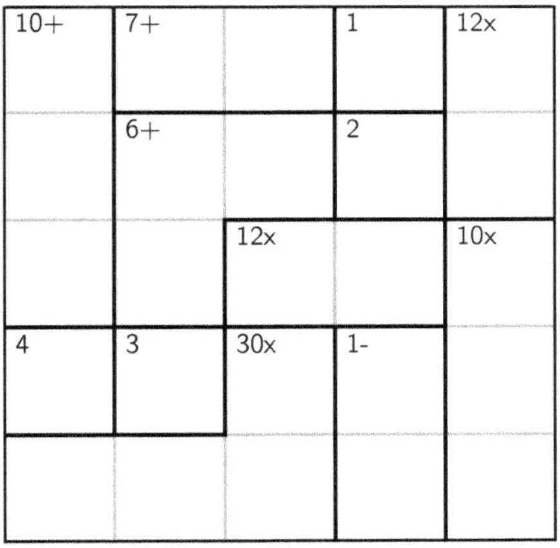

10+	7+		1	12x
	6+		2	
		12x		10x
4	3	30x	1-	

216

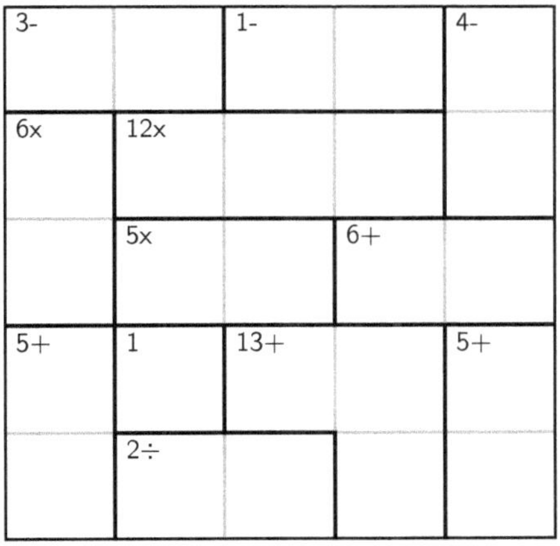

3-		1-		4-
6x	12x			
	5x		6+	
5+	1	13+		5+
	2÷			

205 Solution

6+ 2	14+ 5	3	12x 1	4
4	1	5	3	1- 2
2- 1	4	2	9+ 5	3
3	1- 2	1	4	5x 5
5	24x 3	4	2	1

206 Solution

10+ 5	4	4x 1	2	60x 3
1	3 3	2	5	4
1- 2	1	4	3 3	5 5
1- 3	2	9+ 5	4	2x 1
12+ 4	5	3	1	2

207 Solution

1 1	24x 3	4	2	30x 5
13+ 4	1	2 2	5÷ 5	3
5	4	15x 3	1	2
5+ 3	3- 2	5	9+ 4	1
2	5	3x 1	3	4

208 Solution

6x 3	5÷ 5	4÷ 1	8x 4	2
2	1	4	9÷ 5	3
24x 4	3	10÷ 5	2	1
4- 5	2	3	1 1	1- 4
1	6+ 4	2	3 3	5

217

1-		20x		
12x			5	2
3	8x		4	5
7+			9+	
10+				

218

3x	24x		5÷	
	12x		1-	3+
2-		5		
	5÷		8+	
10x				4

219

8x	1-	12x		5
		40x	4-	
				3
8+	8+		3+	
	5		2-	

220

5+		20x	1-	
1	2		120x	
3	5	1-		
14+			20x	
		3		

209 Solution

5+ 1	4	2 2	9+ 5	3
2÷ 4	2 2	3 3	1	5 5
2	5÷ 5	1	1- 3	4
13+ 3	1	5	16x 4	2
8+ 5	3	4	2	1

210 Solution

7+ 3	4	10x 2	5	4÷ 1
3÷ 1	3	5x 5	5+ 2	4
20x 4	5	1	3	30x 2
8+ 2	1	3	4 4	5
5 5	2	3- 4	1	3

211 Solution

1- 4	8x 1	3- 2	5	7+ 3
5	2	4	3	1
6x 3	5 5	2x 1	2	20x 4
2	7+ 4	3	1 1	5
1 1	14+ 3	5	4	2

212 Solution

14+ 5	2	8+ 4	3	1
2 2	3	5÷ 1	5	7+ 4
1 1	4	7+ 5	2	3
1- 3	1 1	8x 2	4	3- 5
4	15x 5	3	1	2

221

1-		5+		6+
1	10x	12x		
1-		7+		1-
		4÷	8+	
12x				

222

5	11+	6x		
10+			5+	
		10x		
2x	4-	1-	2	15x
			4	

223

5	4-	6x	32x	
5+				
	7+		15x	
1		9+	5+	5÷
1-				

224

60x	1	3-	12x	1-
5÷	2	3-		3
	9+			15+
5+				

213 Solution

10+ 2	1- 5	4	3 3	7+ 1
5	4+ 3	1	4	2
3	2÷ 4	2	6+ 1	5
4x 4	4- 1	5	30x 2	7+ 3
1	2 2	3	5	4

214 Solution

8+ 3	12x 4	4÷ 1	7+ 5	2
5	1	4	1- 2	3
12+ 1	3	2 2	8+ 4	5 5
4	2 2	15x 5	3	3- 1
2	5	3	1	4

215 Solution

10+ 3	7+ 2	5	1 1	12x 4
5	6+ 4	1	2 2	3
2	1	12x 4	3	10x 5
4 4	3 3	30x 2	1- 5	1
1	5	3	4	2

216 Solution

3- 5	2	1- 3	4	4- 1
6x 2	12x 3	4	1	5
3	5x 5	1	6+ 2	4
5+ 4	1 1	13+ 5	3	5+ 2
1	2÷ 4	2	5	3

225

50x			10+	
	2	7+		1-
4÷	15x		8+	
				1-
3	4	2x		

226

3-	8x			3÷
	16+	3	4-	
3÷				8x
		12x		
4	4+		7+	

227

8+		2-	48x	
2				
40x			6+	
12x	3x	6+		
		4	2	5

228

3-	10+			20x
	2	1	3	
30x	9+		2÷	
	4+	24x		
		20x		

217 Solution

1- 2	3	20x 5	1	4
12x 1	4	3	5 5	2 2
3 3	8x 1	2	4 4	5 5
7+ 5	2	4	9+ 3	1
10+ 4	5	1	2	3

218 Solution

3x 3	24x 2	4	5÷ 1	5
1	12x 4	3	1- 5	3+ 2
2- 2	3	5 5	4	1
4	5÷ 5	1	8+ 2	3
10x 5	1	2	3	4 4

219 Solution

8x 1	1- 2	12x 4	3	5 5
4	3	40x 2	4- 5	1
2	1	5	4	3 3
8+ 5	8+ 4	3	3+ 1	2
3	5 5	1	2- 2	4

220 Solution

5+ 4	1	20x 5	1- 3	2
1 1	2 2	4	120x 5	3
3 3	5 5	1- 1	2	4
14+ 5	3	2	20x 4	1
2	4	3 3	1	5

229

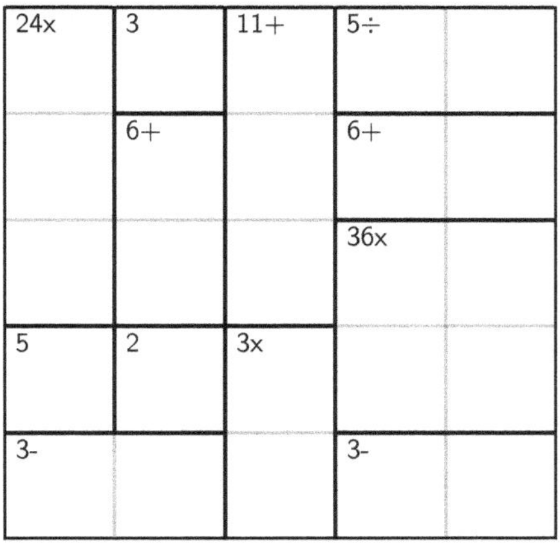

24x	3	11+	5÷	
	6+		6+	
			36x	
5	2	3x		
3-			3-	

230

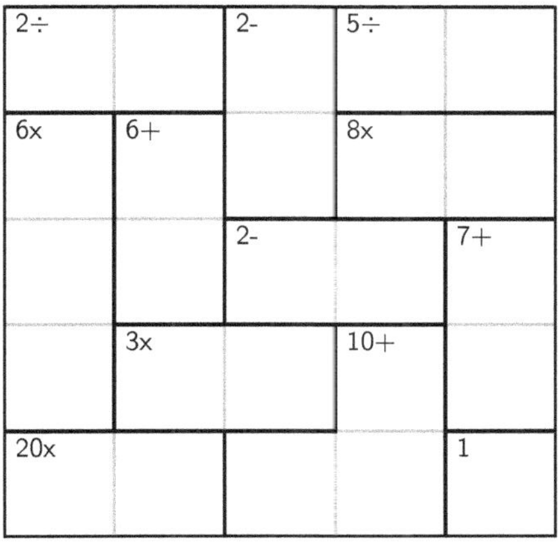

2÷		2-	5÷	
6x	6+		8x	
			2-	7+
		3x	10+	
20x				1

231

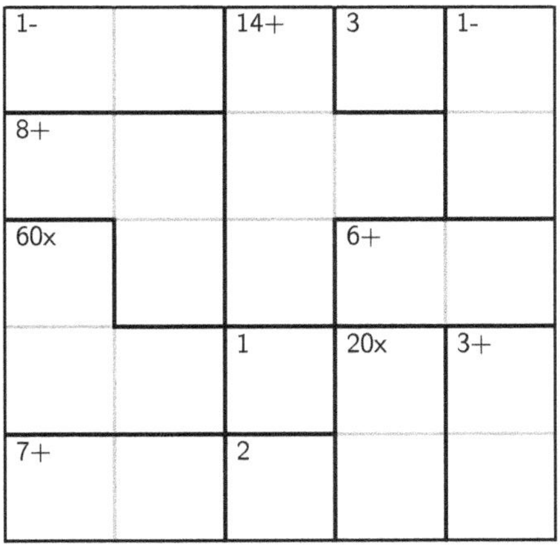

1-		14+	3	1-
8+				
60x			6+	
		1	20x	3+
7+		2		

232

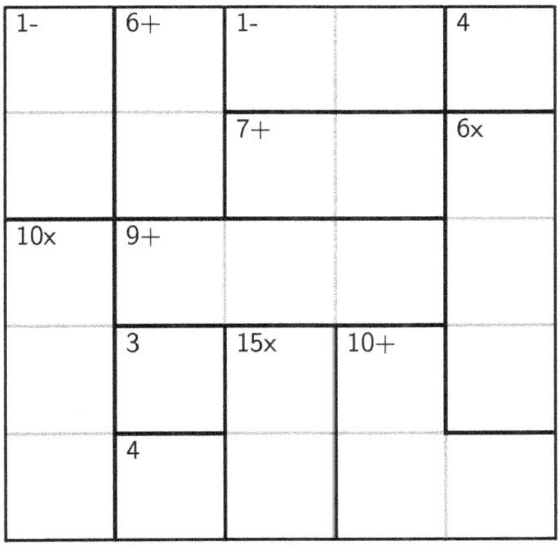

1-	6+	1-		4
		7+		6x
10x	9+			
	3	15x	10+	
	4			

221 Solution

1-5	4	5+2	3	6+1
1	10x 2	12x 3	4	5
1-3	1	7+5	2	1-4
2	5	4÷4	8+1	3
12x 4	3	1	5	2

222 Solution

5	11+4	6x 2	3	1
10÷3	2	5	5+1	4
4	3	10x 1	5	2
2x 1	4- 5	1- 4	2	15x 3
2	1	3	4- 4	5

223 Solution

5	4- 1	6x 3	32x 4	2
5+3	5	2	1	4
2	7+4	1	15x 5	3
1	2	9+4	5+3	5÷5
1-4	3	5	2	1

224 Solution

60x 4	1	3- 5	12x 3	1- 2
3	5	2	4	1
5÷5	2	3- 4	1	3 3
1	9+4	3	2	15÷5
5+2	3	1	5	4

233

5+		20x		
15x	1	11+		
	7+		2÷	
1-		3-	3x	
1-			12x	

234

2	1-		1	300x
12x	6x			
	4-	5+		
5x			10+	3+
	3			

235

11+		5+		6+
6x		3-		
	8x		8+	
	4	3	5x	
12x		3-		

236

4	3+	3	5	10+
2x		9+		
	2-			
8+	20x	8x		
		6x		

225 Solution

50x 2	1	5	10+ 4	3
5	2 2	7+ 4	3	1- 1
4÷ 4	15x 5	3	8+ 1	2
1	3	2	5	1- 4
3 3	4 4	2x 1	2	5

226 Solution

3- 5	8x 1	2	4	3÷ 3
2	16+ 4	3 3	4- 5	1
3÷ 3	2	5	1	8x 4
1	5	12x 4	3	2
4 4	4+ 3	1	7+ 2	5

227 Solution

8+ 1	2	2- 5	48x 3	4
2 2	5	3	4	1
40x 5	4	2	6+ 1	3
12x 4	3x 3	6+ 1	5	2
3	1	4 4	2 2	5 5

228 Solution

3- 1	10+ 5	3	2	20x 4
4	2 2	1 1	3 3	5
30x 3	9+ 4	5	2÷ 1	2
5	4+ 1	24x 2	4	3
2	3	20x 4	5	1

237

7+		10x	5x	
8x				11+
10x				
6+	1	3	2-	
	1-		3-	

238

20x	60x		1-	3x
	3-			
5+			3	11+
	5+		5	
6+			4	

239

2-	2	10+		2-
	4		6x	
10x				4
12+	8x		8+	2÷

240

3-	6+		7+	
	5÷			4
13+		7+		10x
		2	7+	
12x		1		

229 Solution

24x 2	3 3	11+ 4	5÷ 5	1
3	6+ 1	5	6+ 4	2
4	5	2	36x 1	3
5 5	2 2	3x 1	3	4
3- 1	4	3	3- 2	5

230 Solution

2÷ 4	2	2- 3	5÷ 1	5
6x 3	6+ 1	5	8x 4	2
1	5	2- 4	2	7+ 3
2	3x 3	1	10+ 5	4
20x 5	4	2	3	1 1

231 Solution

1- 2	1	14+ 5	3 3	1- 4
8+ 1	5	4	2	3
60x 4	2	3	6+ 1	5
5	3	1 1	20x 4	3+ 2
7+ 3	4	2 2	5	1

232 Solution

1- 3	6+ 5	1- 1	2	4 4
4	1	7+ 2	5	6x 3
10÷ 5	9+ 2	4	3	1
1	3 3	15x 5	10+ 4	2
2	4 4	3	1	5

241

5+	3-		9+	
	3	160x		1
6+			15x	
		2-		7+
4÷		6x		

242

60x			2x	
2-	2÷	2÷		5
		6+	5+	12x
1-				
9+			5x	

243

7+	40x			7+
			4	
8x	5	6x	1-	
	5+		11+	
5				4

244

2	20x		12x	
8+	5÷		7+	
		3		1-
1-	12x	3-		
			6+	

233 Solution

5+ 2	3	20x 1	4	5
15x 3	1 1	11+ 4	5	2
5	7+ 4	3	2÷ 2	1
1- 4	5	3- 2	3x 1	3
1- 1	2	5	12x 3	4

234 Solution

2 2	1- 4	5	1 1	300x 3
12x 4	6x 2	1	3	5
3	4- 1	5+ 2	5	4
5x 1	5	3	10+ 4	3+ 2
5	3 3	4	2	1

235 Solution

11+ 5	1	5+ 2	3	6+ 4
6x 3	5	3- 1	4	2
1	8x 2	4	8+ 5	3
2	4 4	3 3	5x 1	5
12x 4	3	3- 5	2	1

236 Solution

4 4	3+ 2	3 3	5 5	10+ 1
2x 2	1	9+ 4	3	5
1	2- 3	5	2	4
8+ 3	20x 5	8x 1	4	2
5	4	6x 2	1	3

245

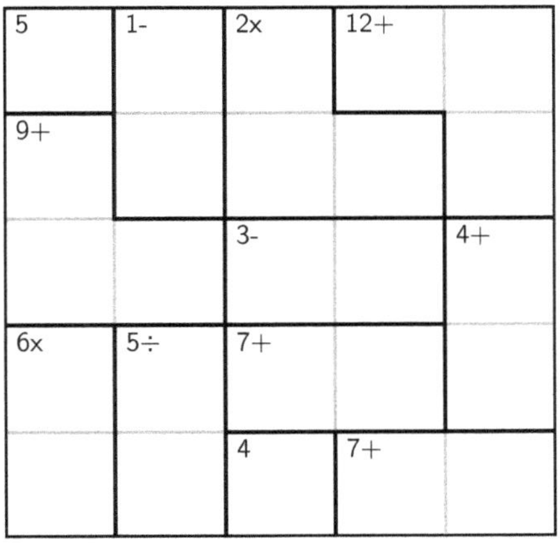

5	1-	2x	12+	
9+				
		3-		4+
6x	5÷	7+		
		4	7+	

246

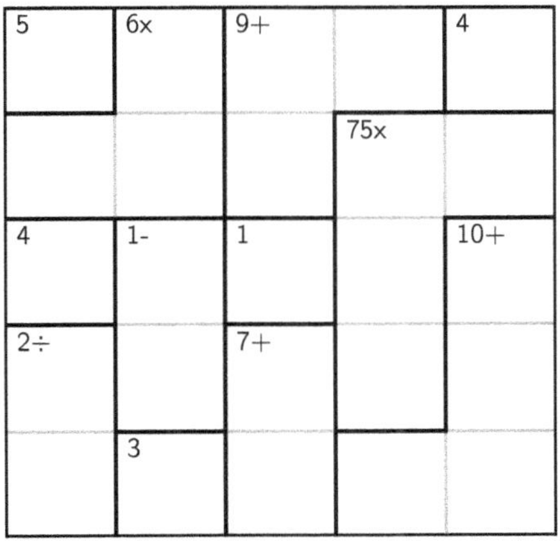

5	6x	9+		4
			75x	
4	1-	1		10+
2÷		7+		
		3		

247

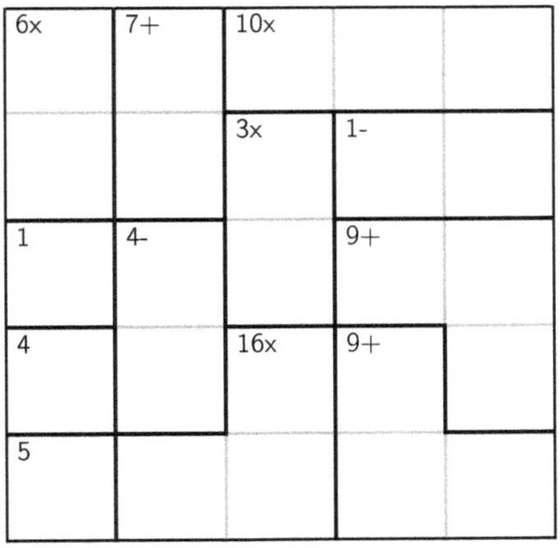

6x	7+	10x		
		3x	1-	
1	4-		9+	
4		16x	9+	
5				

248

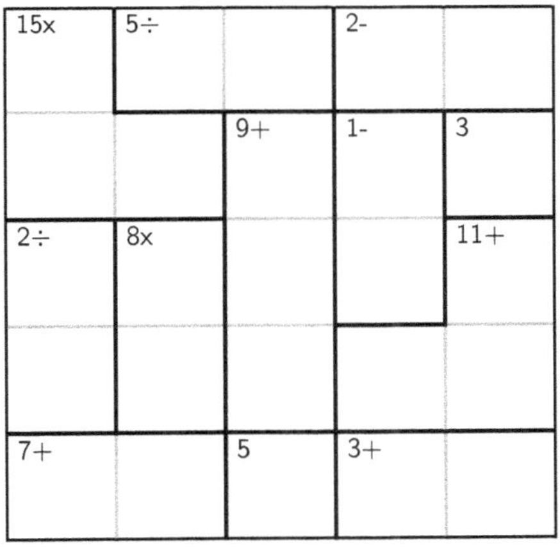

15x	5÷		2-	
		9+	1-	3
2÷	8x			11+
7+		5	3+	

237 Solution

7+ 3	4	10x 2	5x 5	1
8x 4	2	5	1	11+ 3
10x 2	5	1	3	4
6+ 5	1	3	2- 4	2
1	1- 3	4	3- 2	5

238 Solution

20x 5	60x 4	3	1- 2	3x 1
4	3- 2	5	1	3
5+ 2	5	1	3 3	11+ 4
3	5+ 1	4	5 5	2
6+ 1	3	2	4 4	5

239 Solution

2- 1	2	10+ 5	4	2- 3
3	4 4	1	6x 2	5
10x 2	5	3	1	4 4
12+ 5	8x 1	4	8+ 3	2÷ 2
4	3	2	5	1

240 Solution

3- 5	6+ 2	4	7+ 1	3
2	5÷ 1	5	3	4 4
13+ 1	5	7+ 3	4	10x 2
4	3	2 2	7+ 5	1
12+ 3	4	1 1	2	5

249

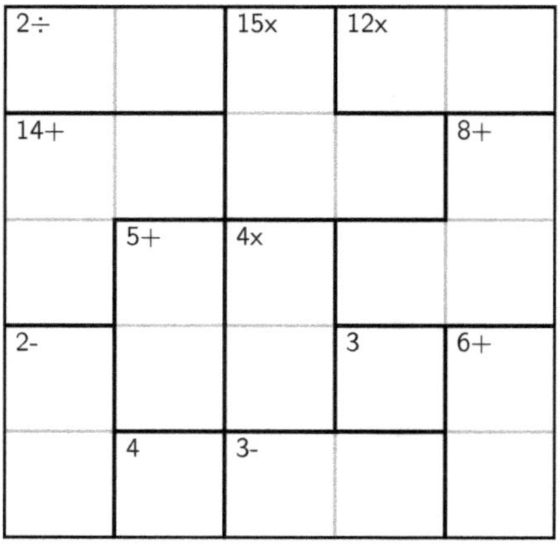

2÷		15x	12x	
14+				8+
	5+	4x		
2-			3	6+
	4	3-		

250

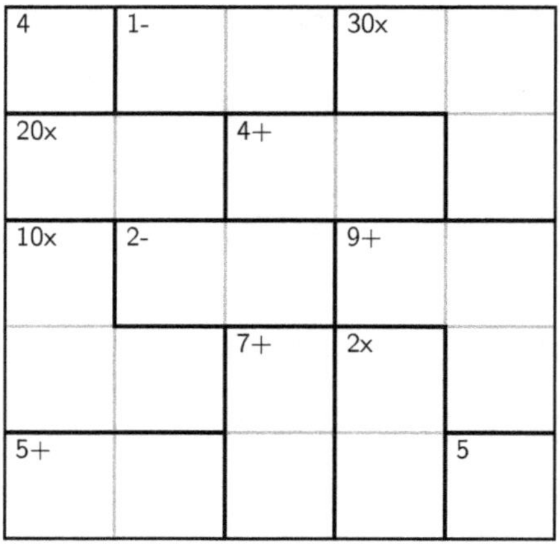

4	1-		30x	
20x		4+		
10x	2-		9+	
		7+	2x	
5+				5

251

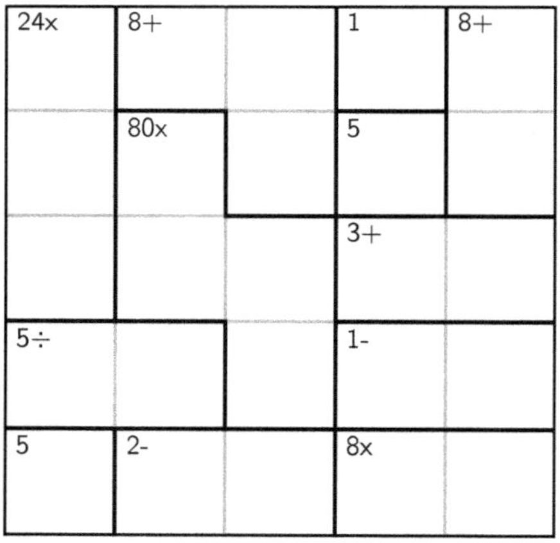

24x	8+		1	8+
	80x		5	
			3+	
5÷			1-	
5	2-		8x	

252

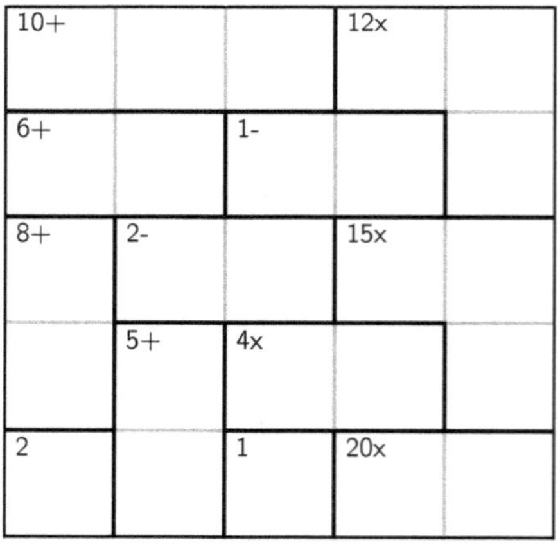

10+			12x	
6+		1-		
8+	2-		15x	
	5+	4x		
2		1	20x	

241 Solution

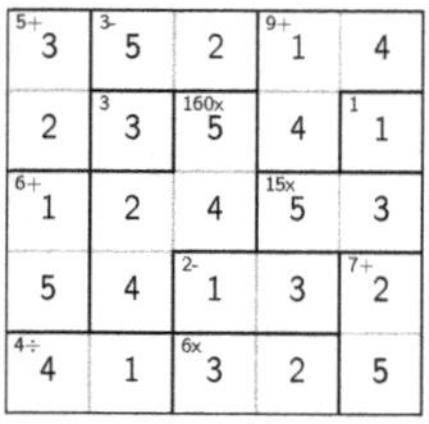

5+ 3	3- 5	2	9+ 1	4
2	3	160x 5	4	1 1
6+ 1	2	4	15x 5	3
5	4	2- 1	3	7+ 2
4÷ 4	1	6x 3	2	5

242 Solution

60x 4	5	3	2x 1	2
2- 3	2÷ 1	2÷ 2	4	5 5
1	2	6+ 5	5+ 3	12x 4
1- 5	4	1	2	3
9+ 2	3	4	5x 5	1

243 Solution

7+ 3	40x 2	4	1	7+ 5
1	3	5	4 4	2
8x 4	5	6x 3	1- 2	1
2	5+ 4	1	11+ 5	3
5	1	2	3	4 4

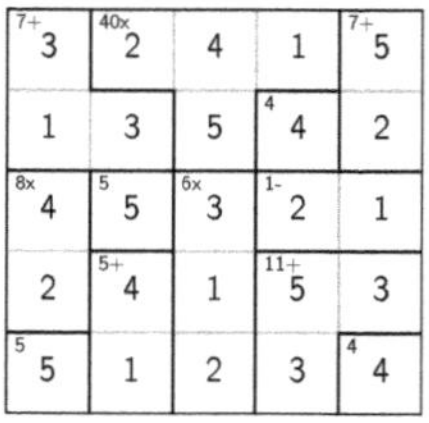

244 Solution

2	20x 5	4	12x 3	1
8+ 3	5÷ 1	5	7+ 2	4
1	4	3 3	5	1- 2
1- 5	12x 2	3- 1	4	3
4	3	2	6+ 1	5

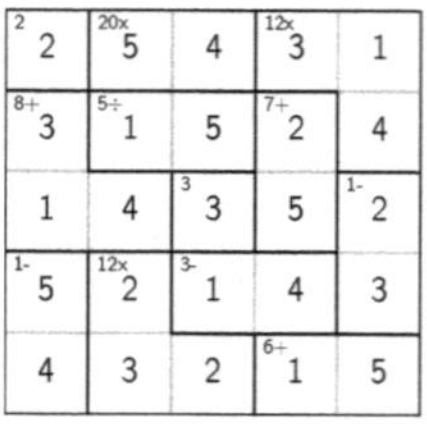

253

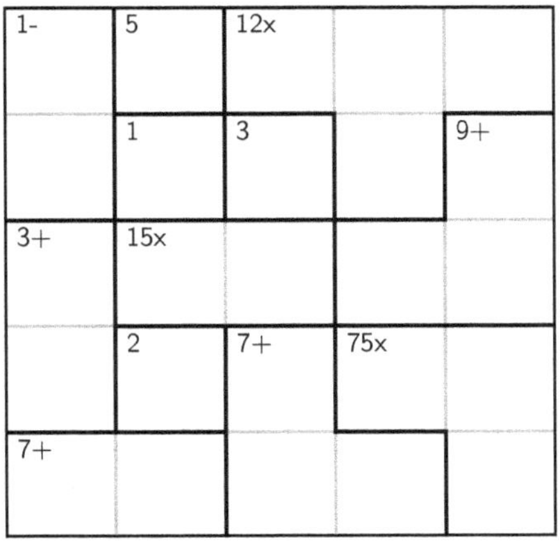

1-	5	12x		
	1	3		9+
3+	15x			
	2	7+	75x	
7+				

254

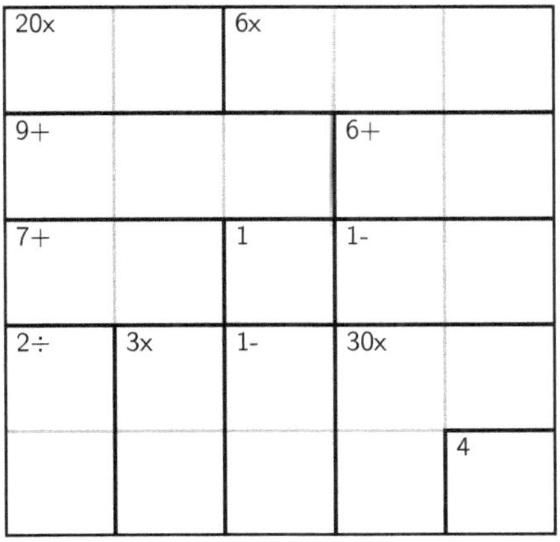

20x		6x		
9+			6+	
7+		1	1-	
2÷	3x	1-	30x	
				4

255

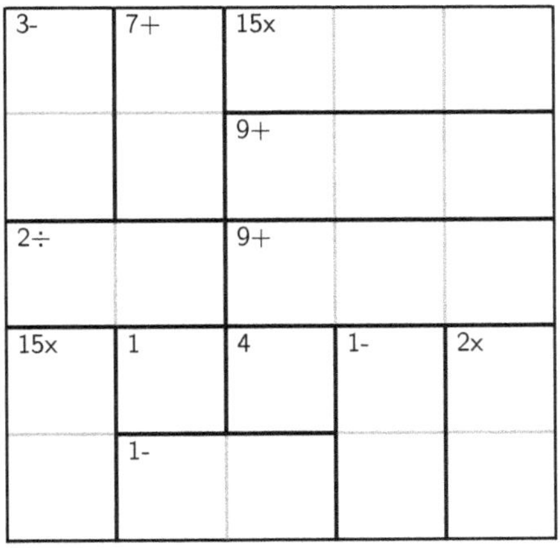

3-	7+	15x		
		9+		
2÷		9+		
15x	1	4	1-	2x
	1-			

256

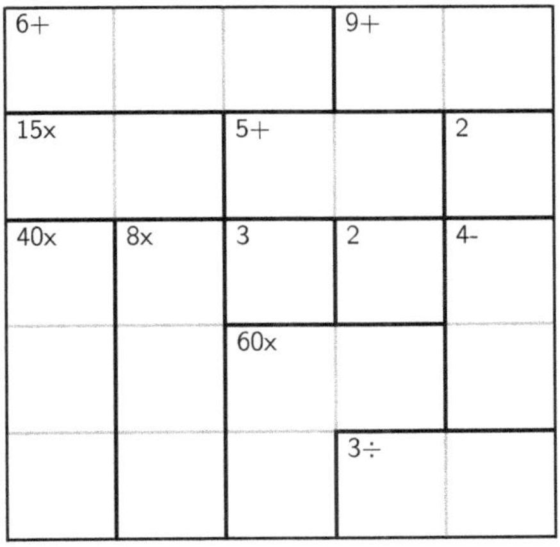

6+		9+		
15x		5+		2
40x	8x	3	2	4-
		60x		
			3÷	

245 Solution

5	1- 2	2x 1	12+ 3	4
9+ 4	3	2	1	5
1	4	3- 5	2	4+ 3
6x 2	5÷ 5	7+ 3	4	1
3	1	4 4	7+ 5	2

246 Solution

5	6x 1	9+ 3	2	4 4
3	2	4	75x 1	5
4 4	1- 5	1	3	10+ 2
2÷ 1	4	7+ 2	5	3
2	3 3	5	4	1

247 Solution

6x 3	7+ 4	10x 5	1	2
2	3	3x 1	1- 4	5
1	4- 5	3	9+ 2	4
4 4	1	16x 2	9+ 5	3
5 5	2	4	3	1

248 Solution

15x 3	5÷ 5	1	2- 2	4
5	1	9+ 2	1- 4	3 3
2- 1	8x 2	4	3	11+ 5
2	4	3	5	1
7+ 4	3	5 5	3+ 1	2

257

13+		5÷		12x
	12x		10+	
	4-			
3	3x	6+		3-
1			4	

258

4÷	4	5	1-	
	10+			8x
15x	2-			
			8x	8+
40x			1	

259

5	4÷		3	9+
6+	7+			
		9+		3-
3x	5	3+		
	120x			

260

4x	7+		4	30x
	6+		3÷	
60x				
	11+			1
2	4+		1-	

249 Solution

2÷ 2	1	15x 5	12x 4	3
14+ 4	5	3	1	8+ 2
5	5+ 3	4x 1	2	4
2- 1	2	4	3 3	6+ 5
3	4 4	3- 2	5	1

250 Solution

4 4	1- 1	2	30x 5	3
20x 5	4	4+ 1	3	2
10x 2	2- 3	5	9+ 4	1
1	5	7+ 3	2x 2	4
5+ 3	2	4	1	5 5

251 Solution

24x 2	8+ 3	4	1 1	8+ 5
4	80x 2	1	5 5	3
3	4	5	3+ 2	1
5÷ 1	5	2	1- 3	4
5 5	2- 1	3	8x 4	2

252 Solution

10+ 4	1	5	12x 2	3
6+ 1	5	1- 3	4	2
8+ 5	2- 4	2	15x 3	1
3	5+ 2	4x 4	1	5
2 2	3	1 1	20x 5	4

261

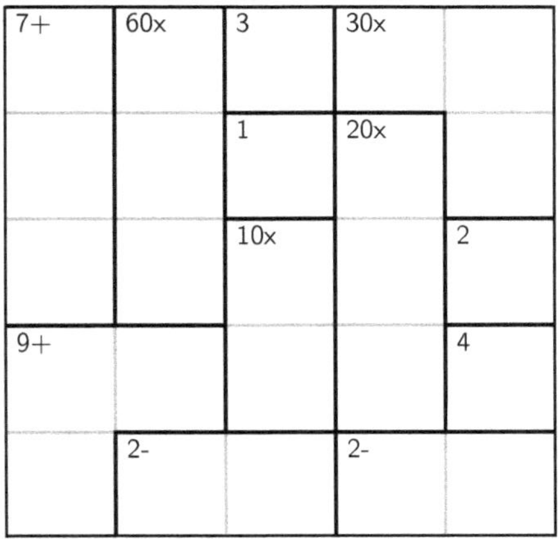

7+	60x	3	30x	
		1	20x	
		10x		2
9+				4
	2-		2-	

262

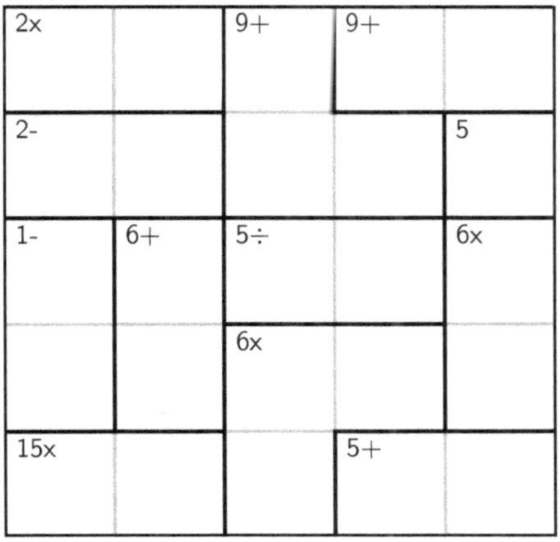

2x		9+	9+	
2-				5
1-	6+	5÷		6x
		6x		
15x			5+	

263

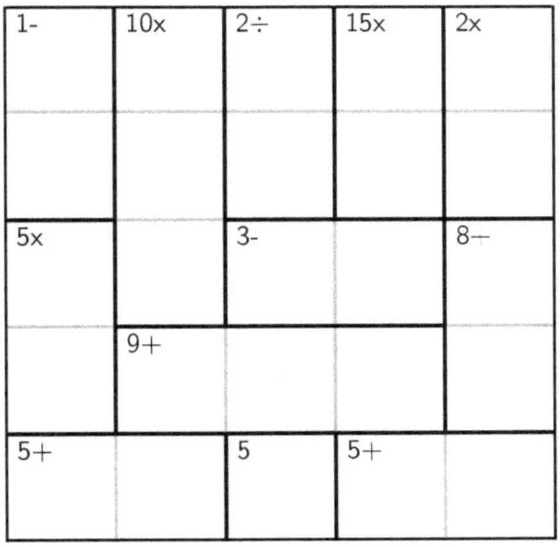

1-	10x	2÷	15x	2x
5x		3-		8-
	9+			
5+		5	5+	

264

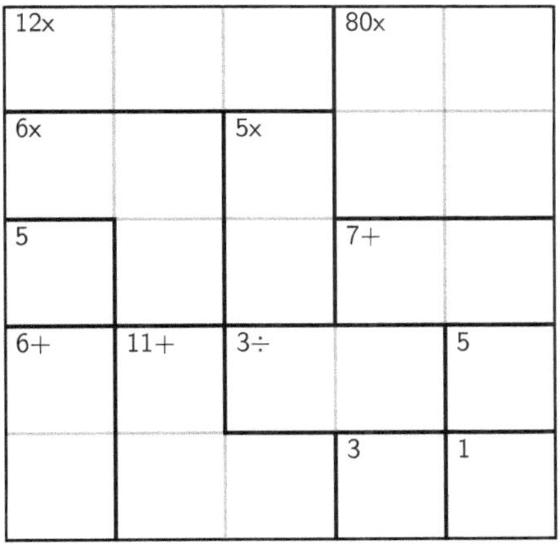

12x			80x	
6x		5x		
5			7+	
6+	11+	3÷		5
			3	1

253 Solution

1- 4	5	12x 1	3	2
5	1 1	3 3	2	9+ 4
3+ 2	15x 3	5	4	1
1	2 2	7+ 7	75x 5	3
7+ 3	4	2	1	5

254 Solution

20x 4	5	6x 3	2	1
9+ 3	4	2	5+ 1	5
7+ 5	2	1 1	1- 4	3
2÷ 1	3x 3	1- 4	30x 5	2
2	1	5	3	4 4

255 Solution

3- 4	7+ 2	15x 1	3	5
1	5	9+ 3	2	4
2÷ 2	4	9+ 5	1	3
15x 3	1 1	4	1- 5	2x 2
5	1- 3	2	4	1

256 Solution

6+ 1	3	2	9+ 5	4
15x 3	5	5+ 1	4	2 2
40x 5	8x 4	3 3	2	4- 1
2	1	60x 4	3	5
4	2	5	3÷ 1	3

265

2-		9+		6x
1-	3-	10+		
				6+
6x	4x		7+	
		3		4

266

3÷	11+	1-	5	1
			6+	
40x		10+	8+	
	1			
	3	10x		

267

4	30x			1
1-	3÷		9+	
	9+		8+	
20x		4		9+
		2		

268

4	20x	30x	7+	
3÷			2	5+
			9+	
7+		4		
5		8+		

257 Solution

13+ 4	2	5÷ 5	1	12x 3
5	12x 4	3	10+ 2	1
2	4- 5	1	3	4
3 3	3x 1	6+ 4	5	3- 2
1 1	3	2	4 4	5

258 Solution

4÷ 1	4 4	5 5	1- 3	2
4	10+ 2	3	5	8x 1
15x 5	2- 3	1	2	4
3	1	8x 2	4	8+ 5
40x 2	5	4	1 1	3

259 Solution

5 5	4÷ 4	1	3 3	9+ 2
6+ 4	7+ 1	3	2	5
2	3	9+ 5	4	3- 1
3x 3	5 5	3+ 2	1	4
1	120x 2	4	5	3

260 Solution

4x 1	7+ 2	5	4 4	30x 3
4	6+ 1	2	3÷ 3	5
60x 5	4	3	1	2
3	11+ 5	4	2	1 1
2 2	4+ 3	1	1- 5	4

269

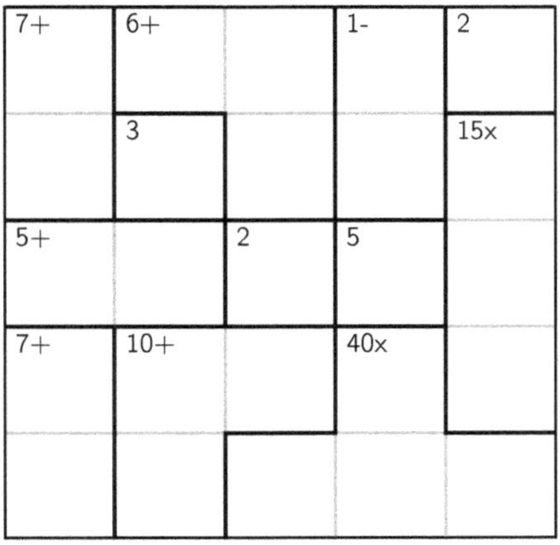

7+	6+		1-	2
	3			15x
5+		2	5	
7+	10+		40x	

270

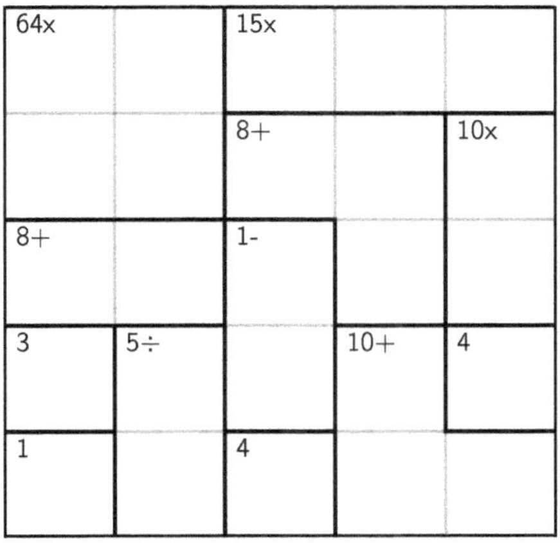

64x		15x		
		8+		10x
8+		1-		
3	5÷		10+	4
1		4		

271

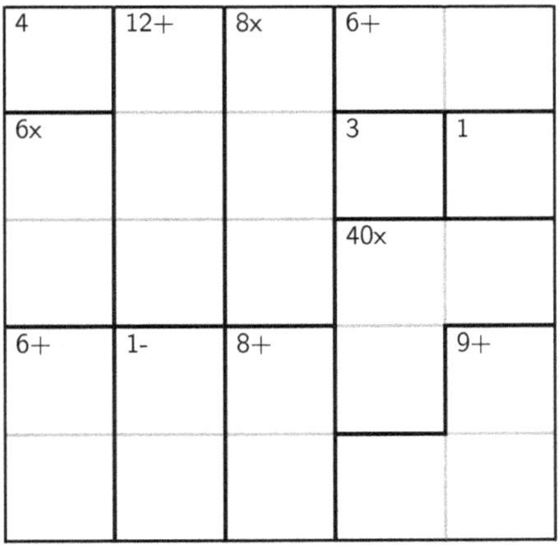

4	12+	8x	6+	
6x			3	1
			40x	
6+	1-	8+		9+

272

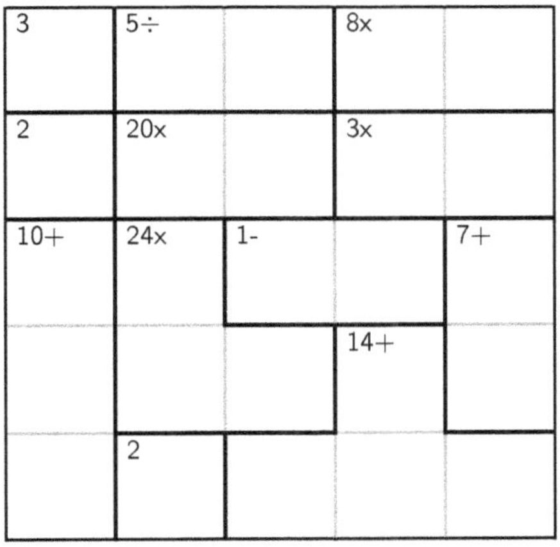

3	5÷		8x	
2	20x		3x	
10+	24x	1-		7+
			14+	
	2			

261 Solution

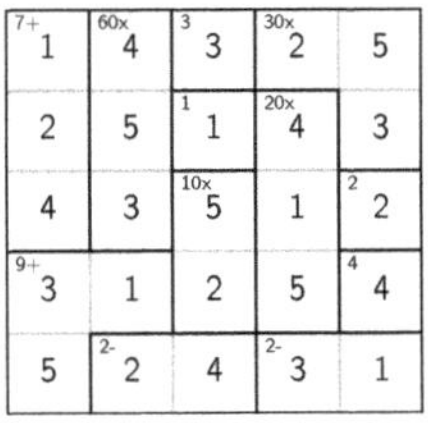

7+ 1	60x 4	3	30x 2	5
2	5	1	20x 4	3
4	3	10x 5	1	2 2
9+ 3	1	2	5	4 4
5	2- 2	4	2- 3	1

262 Solution

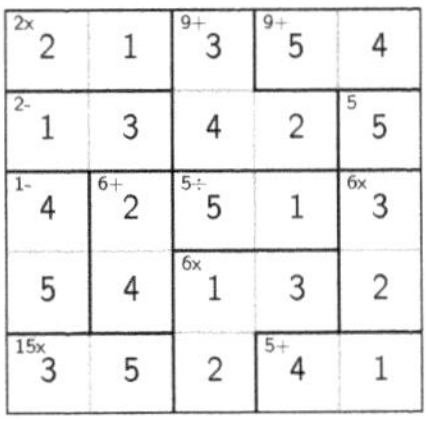

2x 2	1	9+ 3	5	4
2- 1	3	4	2	5 5
1- 4	6+ 2	5+ 5	1	6x 3
5	4	6x 1	3	2
15x 3	5	2	5+ 4	1

263 Solution

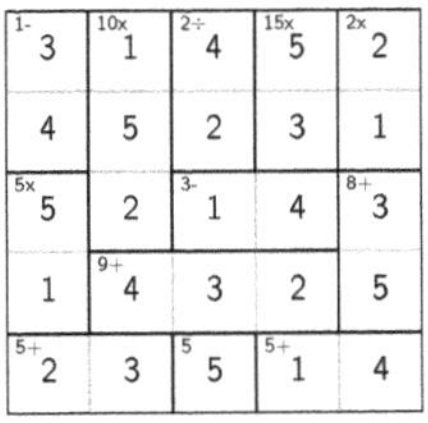

1- 3	10x 1	2÷ 4	15x 5	2x 2
4	5	2	3	1
5x 5	2	3- 1	4	8+ 3
1	9+ 4	3	2	5
5+ 2	3	5	5+ 1	4

264 Solution

12x 3	1	4	80x 5	2
6x 1	3	5x 5	2	4
5 5	2	1	7+ 4	3
6+ 2	11+ 4	3÷ 3	1	5 5
4	5	2	3 3	1 1

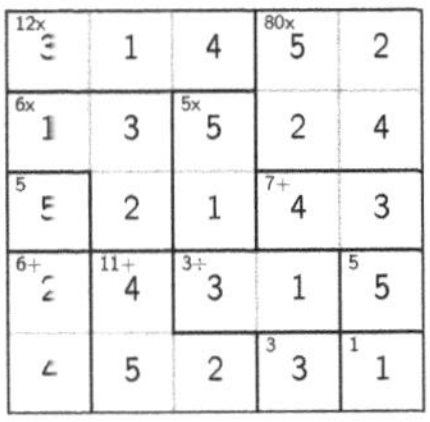

273

3-		30x		
20x		6x		
5+	4+	10+	2	9+
3-		4	3x	

274

1	30x	11+		
		7+		3÷
4	5+		5	
60x		4+	1-	9+

275

12x		9+	2÷	
5+			2-	20x
8x		1		
25x		3	11+	
	1			

276

6x	40x		5+	
	5		2-	
4÷		1-		9+
9+	7+			
	3		7+	

265 Solution

2- 1	3	9+ 5	4	6x 2
1- 4	3- 5	10+ 2	1	3
5	2	4	3	6+ 1
6x 3	4x 4	1	7+ 2	5
2	1	3 3	5	4 4

266 Solution

3÷ 3	11+ 2	1- 4	5 5	1 1
1	5	3	6+ 4	2
40x 2	4	10+ 5	8+ 1	3
5	1 1	2	3	4
4	3 3	10x 1	2	5

267 Solution

4 4	30x 2	5	3	1 1
1- 2	3÷ 1	3	9+ 5	4
3	9+ 5	1	8+ 4	2
20x 1	3	4 4	2	9+ 5
5	4	2 2	1	3

268 Solution

4 4	20x 1	30x 3	7+ 5	2
3÷ 3	4	5	2 2	5+ 1
1	5	2	9+ 3	4
7+ 2	3	4 4	1	5
5 5	2	8+ 1	4	3

277

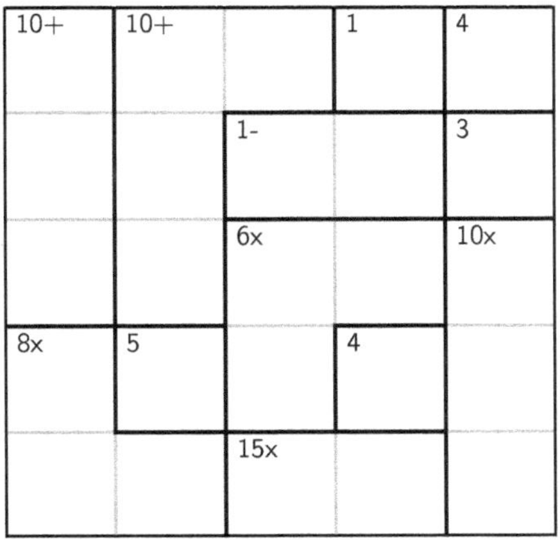

10+	10+		1	4
		1-		3
		6x		10x
8x	5		4	
		15x		

278

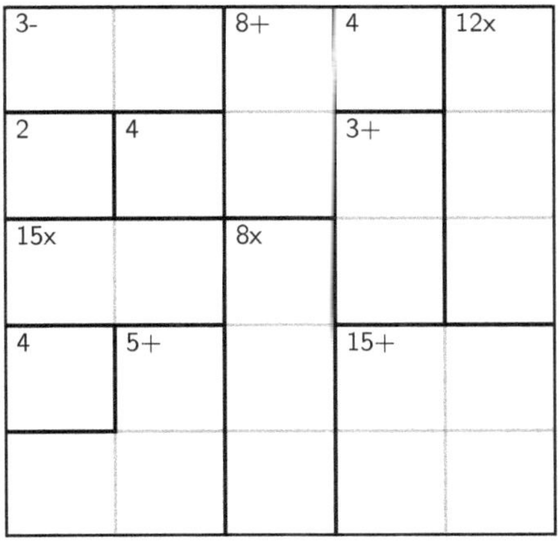

3-		8+	4	12x
2	4		3+	
15x		8x		
4	5+		15+	

279

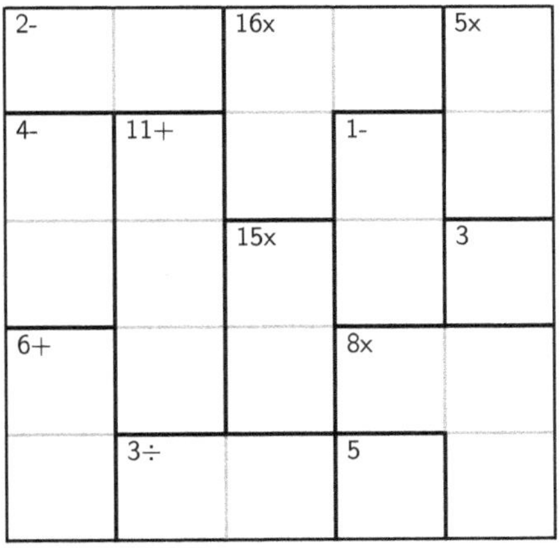

2-		16x		5x
4-	11+		1-	
		15x		3
6+			8x	
	3÷		5	

280

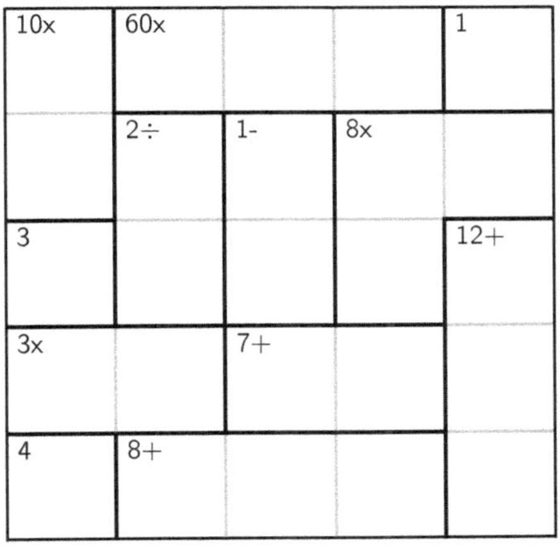

10x	60x			1
		2÷	1-	8x
3				12+
3x			7+	
4	8+			

269 Solution

7+ 5	6+ 1	4	1- 3	2 2
2	3 3	1	4	15x 5
5+ 1	4	2 2	5 5	3
7+ 4	10+ 5	3	40x 2	1
3	2	5	1	4

270 Solution

64x 4	2	15x 5	3	1
2	4	8+ 3	1	10x 5
8+ 5	3	1- 1	4	2
3	5÷ 1	2	10+ 5	4
1	5	4 4	2	3

271 Solution

4	12+ 3	8x 2	6+ 1	5
6x 2	5	4	3 3	1 1
3	4	1	40x 5	2
6+ 1	1- 2	8+ 5	4	9+ 3
5	1	3	2	4

272 Solution

3	5÷ 1	5	8x 4	2
2 2	20x 5	4	3x 3	1
10+ 5	24x 3	1- 1	2	7+ 4
1	4	2	14+ 5	3
4	2 2	3	1	5

281

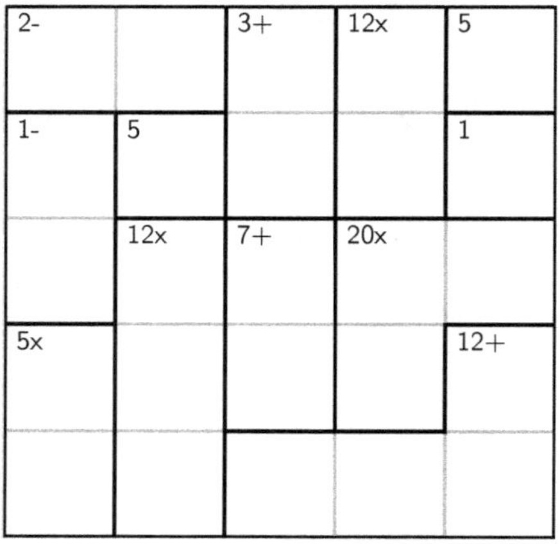

2-		3+	12x	5
1-	5			1
	12x	7+	20x	
5x				12+

282

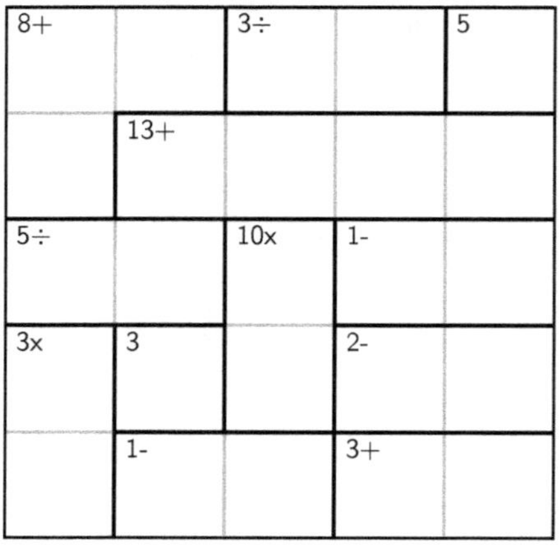

8+		3÷		5
	13+			
5÷			10x	1-
3x	3		2-	
		1-		3+

283

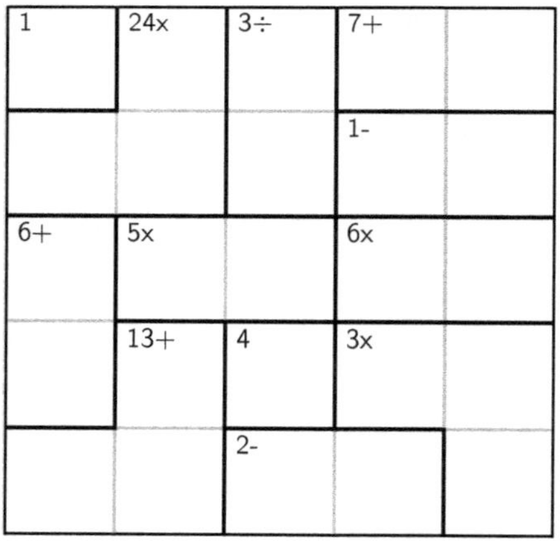

1	24x	3÷	7+	
			1-	
6+	5x		6x	
	13+	4	3x	
		2-		

284

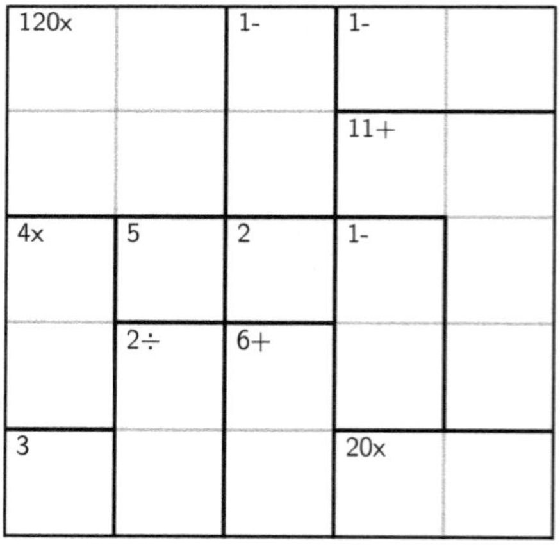

120x			1-	1-
				11+
4x	5		2	1-
		2÷	6+	
3				20x

273 Solution

3- 1	4	30x 3	5	2
20x 4	5	6x 2	1	3
5+ 3	4+ 1	10+ 5	2 2	9+ 4
2	3	1	4	5
5- 5	2	4 4	3x 3	1

274 Solution

1 1	30x 3	11+ 5	4	2
2	5	7+ 4	3	3÷ 1
4	5+ 1	2	5	3
60x 5	2	4+ 3	1- 1	9+ 4
3	4	1	2	5

275 Solution

12x 3	4	9+ 5	2÷ 1	2
5+ 2	3	4	2- 5	20x 1
8x 4	2	1 1	3	5
25x 1	5	3 3	11+ 2	4
5	1 1	2	4	3

276 Solution

6x 3	40x 2	5	5+ 4	1
2	5 5	4	2- 1	3
4+ 1	4	1- 3	2	9+ 5
9+ 5	7+ 1	2	3	4
4	3 3	1	7+ 5	2

285

2x		40x		3x
14+			8+	
	3			2
3	6+		2-	
24x			5÷	

286

3	80x	60x		3-
1		7+		
				1
10x	5+	4-	5+	
			1-	

287

1	9+	6x	9+	
6+				4
	30x	3-		1
		10+		
3÷		9+		

288

12+	3	8+		
	2	8+		
	2x		5	1-
8x		1-		
	5÷		12x	

277 Solution

10+ 5	10+ 3	2	1 1	4 4
2	1	1- 4	5	3 3
3	4	6x 1	2	10x 5
8x 1	5 5	3	4 4	2
4	2	15x 5	3	1

278 Solution

3- 5	2	8+ 3	4 4	12x 1
2 2	4 4	5	3+ 1	3
15x 3	5	8x 1	2	4
4 4	5+ 1	2	15+ 3	5
1	3	4	5	2

279 Solution

2- 3	1	16x 4	2	5x 5
4- 5	11+ 4	2	1- 3	1
1	2	15x 5	4	3 3
6+ 2	5	3	8x 1	4
4	3÷ 3	1	5 5	2

280 Solution

10x 2	60x 4	5	3	1 1
5	2÷ 1	1- 3	8x 4	2
3 3	2	4	1	12+ 5
3x 1	3	7+ 2	5	4
4 4	8+ 5	1	2	3

289

5x		2÷		8+
2-		4+		
3	6+	10x	1-	2-
1-			3x	

290

2-		1-		11+
8+		1		
12x		3	3-	
	9+		3+	
2÷		60x		

291

5x	8+		2x	6+
	3	4		
1-	1-	10x	60x	
			2-	
7+				

292

8+	12+			2
		4+		20x
3	1	40x		
2-				3÷
9+		1-		

281 Solution

2- 4	2	3+ 1	12x 3	5 5
1- 3	5 5	2	4	1 1
2	12x 1	7+ 3	20x 5	4
5x 5	3	4	1	12+ 2
1	4	5	2	3

282 Solution

8+ 4	2	3÷ 1	3	5 5
2	13+ 4	3	5	1
5÷ 5	1	10x 2	1- 4	3
3x 1	3 3	5	2- 2	4
3	1- 5	4	3+ 1	2

283 Solution

1 1	24x 4	3÷ 3	7+ 2	5
3	2	1	1- 5	4
6+ 4	5x 1	5	6x 3	2
2	13+ 5	4 4	3x 1	3
5	3	2- 2	4	1

284 Solution

120x 5	3	1- 4	1- 2	1
2	4	3	11+ 1	5
4x 1	5 5	2 2	1- 4	3
4	2÷ 1	6+ 5	3	2
3 3	2	1	20x 5	4

293

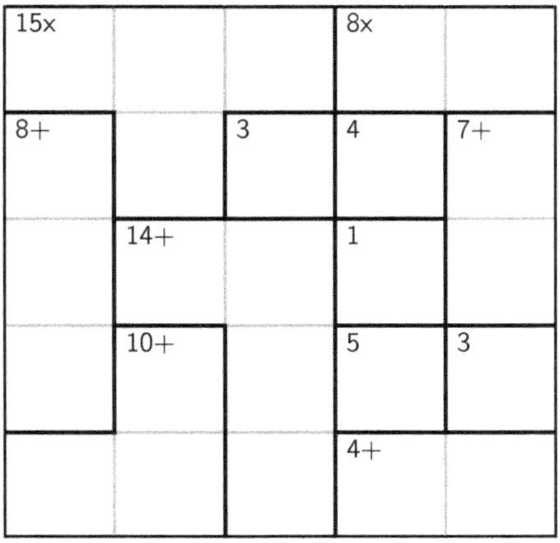

15x			8x	
8+		3	4	7+
	14+		1	
	10+		5	3
			4+	

294

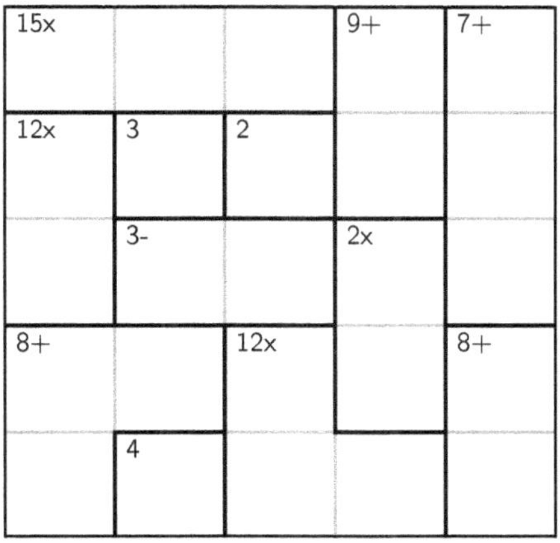

15x			9+	7+
12x	3	2		
		3-		2x
8+			12x	8+
		4		

295

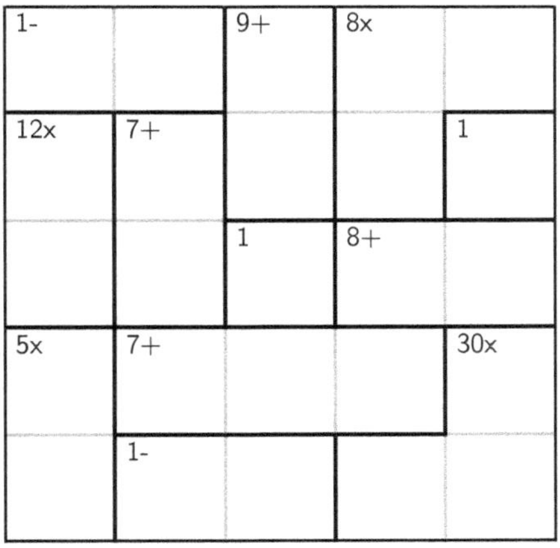

1-		9+	8x	
12x	7+			1
		1	8+	
5x	7+			30x
	1-			

296

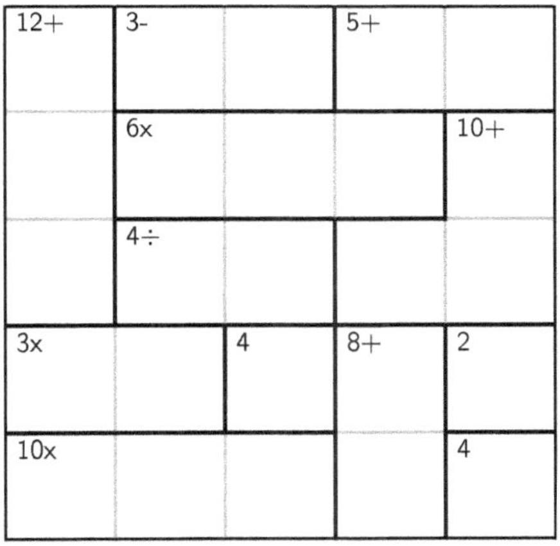

12+	3-		5+	
		6x		10+
		4÷		
3x		4	8+	2
10x				4

285 Solution

2x 1	2	40x 4	5	3x 3
14+ 4	5	2	8+ 3	1
5	3 3	1	4	2 2
3 3	6+ 1	5	2- 2	4
24x 2	4	3	5÷ 1	5

286 Solution

3 3	80x 1	60x 4	5	3- 2
1 1	4	7+ 2	3	5
4	5	3	2	1 1
10x 2	5+ 3	4- 5	5+ 1	4
5	2	1	1- 4	3

287 Solution

1 1	9+ 4	6x 2	9+ 3	5
6+ 2	5	3	1	4 4
4	30x 3	3- 5	2	1 1
5	2	10+ 1	4	3
3÷ 3	1	9+ 4	5	2

288 Solution

12+ 5	3	8+ 4	1	2
4	2 2	8+ 5	3	1
3	2x 1	2	5 5	1- 4
8= 1	4	1- 3	2	5
2	5÷ 5	1	12x 4	3

297

8x	3-		3	1-
	6+	120x	7+	
				3
5			4x	3+
15x				

298

30x		4÷	4+	10x
3-				
	2-		2	7+
12+		8x		
		3	4-	

299

7+	15+		4÷	2-
		3x		
3			3-	
4	6+		15x	8x
6+				

300

8+	3	4	1	3-
	40x		12+	
		4+		12x
8x				
3÷		7+		

289 Solution

5x 5	1	2÷ 4	2	8+ 3
2- 2	4	4+ 3	1	5
3 3	6+ 2	10x 1	1- 5	2- 4
1	3	5	4	2
1- 4	5	2	3x 3	1

290 Solution

2- 5	3	1- 2	1	11+ 4
8+ 2	5	1 1	4	3
12x 4	1	3 3	3- 5	2
3	9+ 4	5	3+ 2	1
2÷ 1	2	60x 4	3	5

291 Solution

5x 1	8+ 5	3	2x 2	6+ 4
5	3 3	4 4	1	2
1- 3	1- 2	10x 5	60x 4	1
4	1	2	2- 3	5
7+ 2	4	1	5	3

292 Solution

8+ 1	12+ 3	5	4	2 2
5	2	4+ 3	1	20x 4
3 3	1	40x 4	2	5
2- 2	4	1	5	3÷ 3
9+ 4	5	1- 2	3	1

301

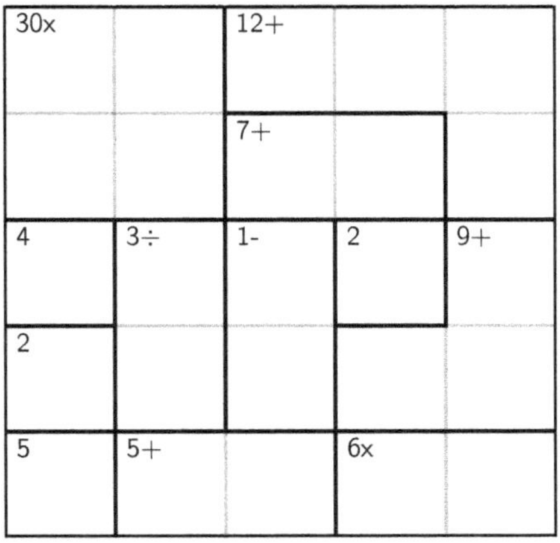

30x		12+		
		7+		
4	3÷	1-	2	9+
2				
5	5+		6x	

302

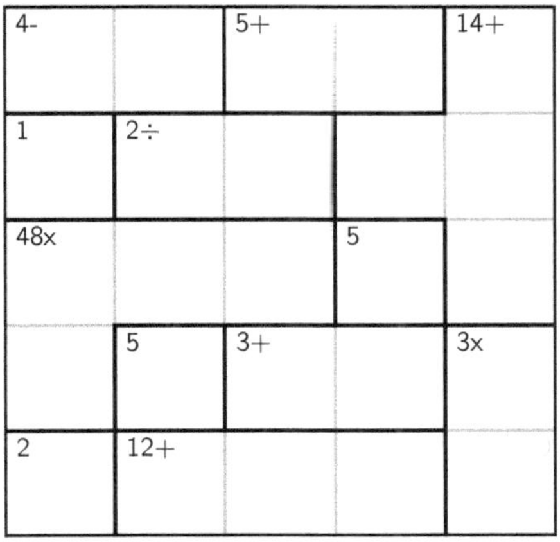

4-		5+		14+
1	2÷			
48x			5	
	5	3+		3x
2	12+			

303

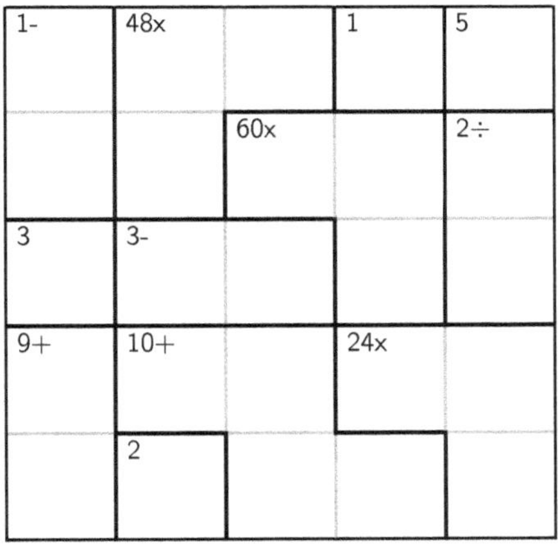

1-	48x		1	5
		60x		2÷
3	3-			
9+	10+		24x	
		2		

304

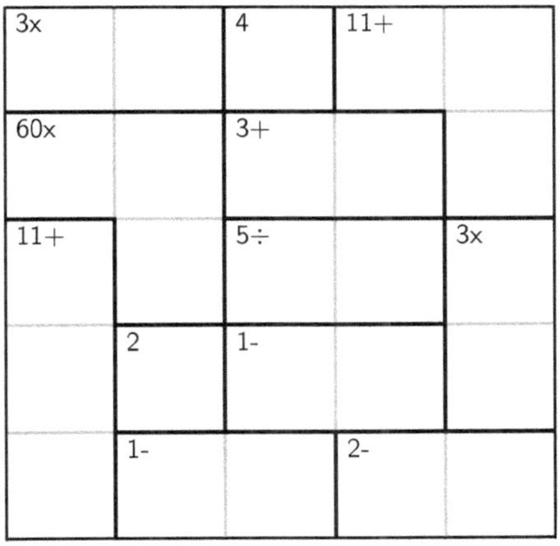

3x		4	11+	
60x		3+		
11+		5÷		3x
	2	1-		
	1-		2-	

293 Solution

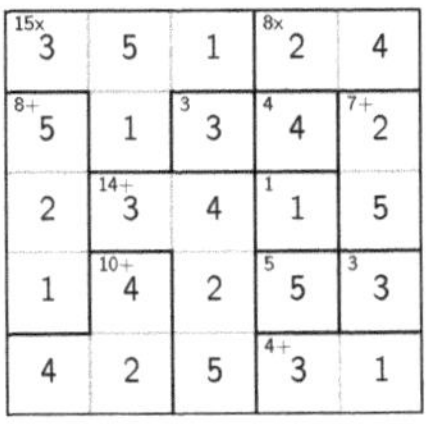

15x 3	5	1	8x 2	4
8+ 5	1	3 3	4	7+ 2
2	14+ 3	4	1 1	5
1	10+ 4	2	5 5	3 3
4	2	5	4+ 3	1

294 Solution

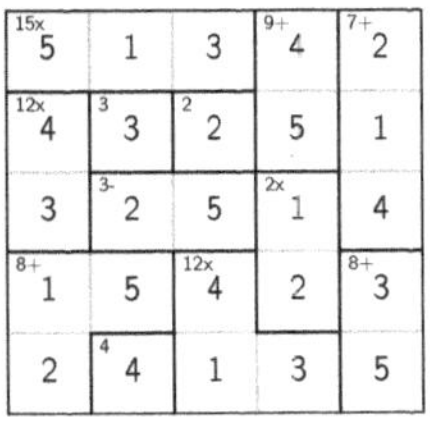

15x 5	1	3	9+ 4	7+ 2
12x 4	3 3	2 2	5	1
3	3- 2	5	2x 1	4
8+ 1	5	12x 4	2	8+ 3
2	4 4	1	3	5

295 Solution

1- 2	3	9+ 5	8x 1	4
12x 3	7+ 5	4	2	1 1
4	2	1 1	8+ 3	5
5x 5	7+ 1	2	4	30x 3
1	1- 4	3	5	2

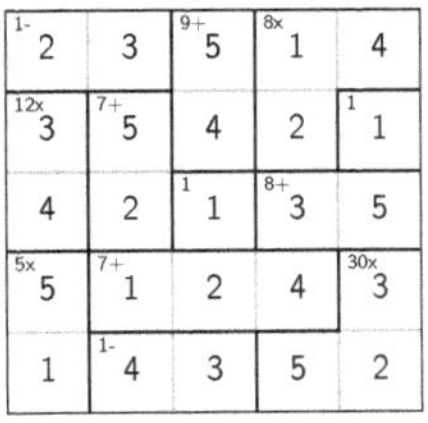

296 Solution

12+ 3	3- 5	2	5+ 4	1
4	6x 2	3	1	10+ 5
5	4÷ 4	1	2	3
3x 1	3	4 4	8+ 5	2 2
15x 2	1	5	3	4 4

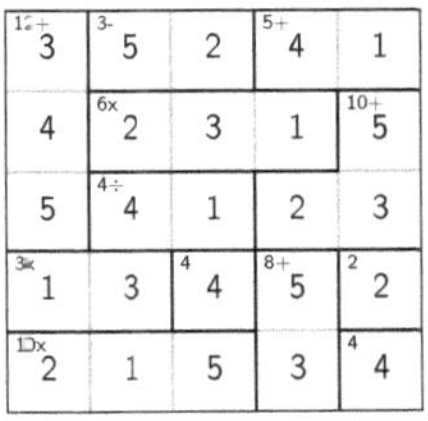

305

3÷	20x	5+	40x	
			2	
4	3÷	5x		
10x		10+		10+
	2			

306

3÷		9+		2
12+	90x		4	1
			3-	
	10x		2-	
	4		6x	

307

9+		1-		1
3-	3÷	12x		2
		4		30x
5+		11+		
			20x	

308

3	5	1-		12x
12+				
5	7+	10+		5÷
8x				
		5	1-	

297 Solution

8x 2	3- 4	1	3 3	1- 5
1	6+ 2	120x 3	7+ 5	4
4	1	5	2	3 3
5 5	3	2	4x 4	3+ 1
15x 3	5	4	1	2

298 Solution

30x 3	5	4÷ 4	4+ 1	10x 2
3- 4	2	1	3	5
1	2- 3	5	2 2	7+ 4
12+ 5	1	8x 2	4	3
2	4	3 3	4- 5	1

299 Solution

7+ 5	15+ 2	4	4÷ 1	2- 3
2	5	3x 3	4	1
3 3	4	1	3- 2	5
4 4	6+ 1	5	15x 3	8x 2
6+ 1	3	2	5	4

300 Solution

8+ 5	3 3	4 4	1 1	3- 2
1	40x 4	2	12÷ 3	5
2	5	4+ 1	4	12x 3
8x 4	2	3	5	1
3÷ 3	1	7+ 5	2	4

309

4-		2	7+	
8x	2	15x		
	1-		6+	
9+		60x	4	5+

310

6x		7+	12+	
			6+	
20x		3÷		1
8x			3	10x
2-		3-		

311

2÷		60x		
5x		2-	3+	7+
1-	15x			
		1	8+	
2-		8+		

312

2-	5x		1-	9+
	7+	3+		
5			4÷	
30x		12x		6+
			5	

301 Solution

30x 3	5	12+ 2	1	4
1	2	7+ 3	4	5
4 4	3÷ 1	1- 5	2 2	9+ 3
2 2	3	4	5	1
5 5	5+ 4	1	6x 3	2

302 Solution

4- 5	1	5+ 3	2	14+ 4
1 1	2÷ 2	4	3	5
48x 3	4	1	5 5	2
4	5 5	3+ 2	1	3x 3
2 2	12+ 3	5	4	1

303 Solution

1- 2	48x 3	4	1 1	5 5
1	4	60x 5	3	2÷ 2
3 3	3- 5	2	4	1
9+ 5	10+ 1	3	24x 2	4
4	2 2	1	5	3

304 Solution

3x 1	3	4 4	11+ 5	2
60x 3	5	3+ 1	2	4
11+ 2	4	5÷ 5	1	3x 3
5	2 2	1- 3	4	1
4	1- 1	2	2- 3	5

313

9+		6x		1
5+		3	3-	
3÷	10+			1-
	9+			
6+			20x	

314

6x	8+		8x	
	7+	1		4
20x		20x		2-
		2	6+	
	1-			

315

1-		45x		4
40x	5		2÷	3x
4	3	3+	13+	
1-				

316

20x		6+	6x	
6+			4	
1-			2	20x
4x	3	9+		
		2-		

305 Solution

3÷ 3	20x 5	5+ 2	40x 4	1
1	4	3	2 2	5
4 4	3÷ 3	5x 5	1	2
10x 2	1	10+ 4	5	10+ 3
5	2 2	1	3	4

306 Solution

3÷ 3	1	9+ 4	5	2 2
12+ 2	90x 5	3	4 4	1 1
5	3	2	3- 1	4
4	10x 2	1	2- 3	5
1	4 4	5	6x 2	3

307 Solution

9+ 4	5	1- 2	3	1 1
3- 5	3÷ 1	12x 3	4	2 2
2	3	4 4	1	30x 5
5+ 1	4	11+ 5	2	3
3	2	1	20x 5	4

308 Solution

3 3	5 5	1- 2	1	12x 4
12+ 1	2	4	5	3
5 5	7+ 4	10+ 3	2	5+ 1
8x 2	3	1	4	5
4	1	5 5	1- 3	2

317

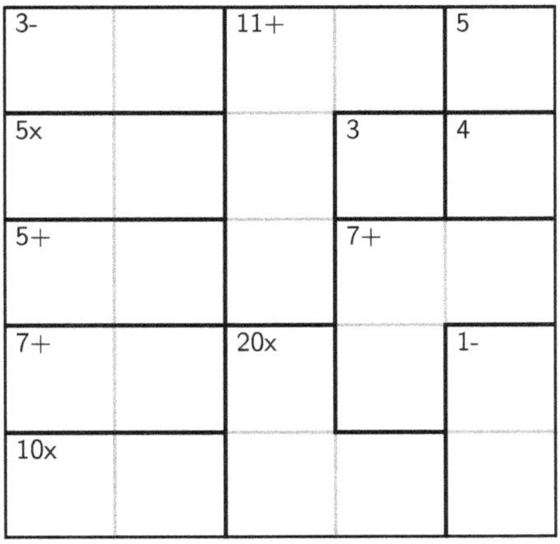

3-		11+		5
5x			3	4
5+			7+	
7+		20x		1-
10x				

318

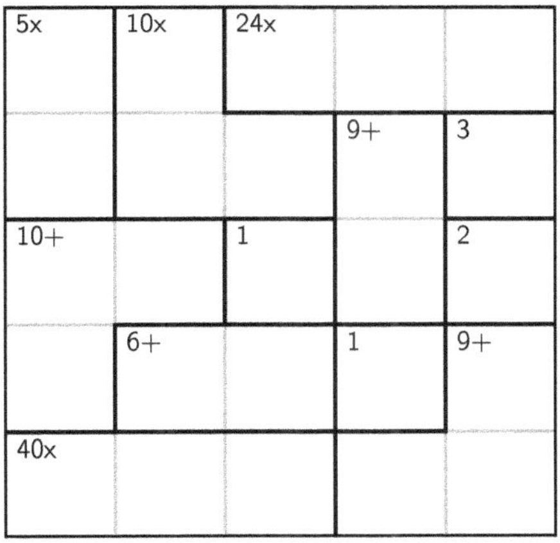

5x		10x	24x	
			9+	3
10+		1		2
		6+	1	9+
40x				

319

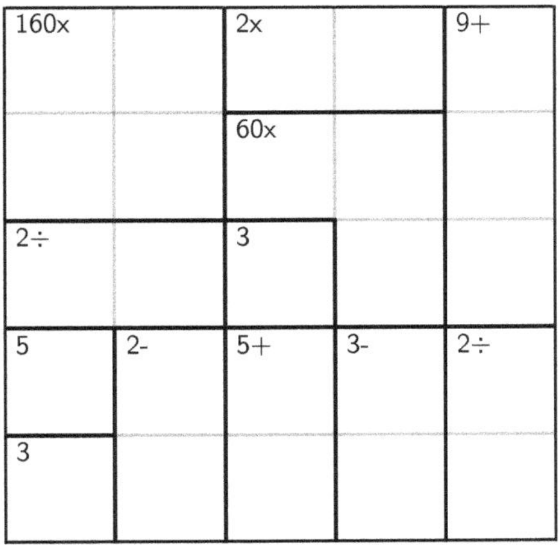

160x		2x		9+
		60x		
2÷		3		
5	2-	5+	3-	2÷
3				

320

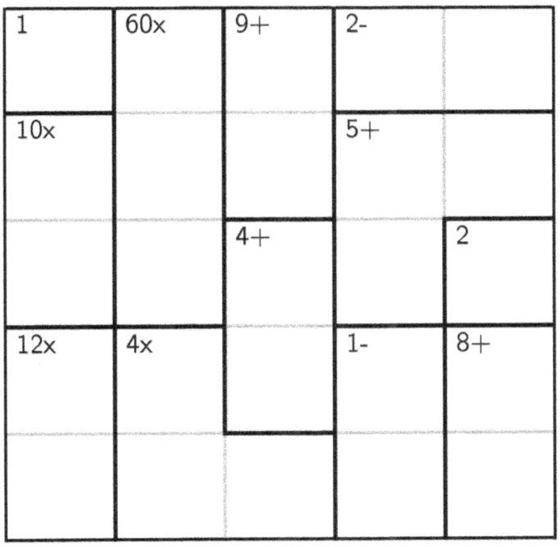

1	60x	9+		2-
10x				5+
			4+	2
12x	4x		1-	8+

309 Solution

4- 1	5	2 2	7+ 3	4
8x 4	2	15x 1	5	3
2	1- 4	3	6+ 1	5
9+ 3	1	60x 5	4	5+ 2
5	3	4	2	1

310 Solution

6x 1	3	7+ 2	12+ 5	4
2	1	5	6+ 4	3
20x 5	4	3÷ 3	2	1 1
8x 4	2	1	3	10x 5
3	5	3- 4	1	2

311 Solution

2÷ 1	2	60x 3	4	5
5x 5	1	2- 4	3+ 2	7+ 3
1- 3	15x 5	2	1	4
4	3	1 1	8+ 5	2
2- 2	4	8+ 5	3	1

312 Solution

2- 2	5x 1	5	1- 2	9+ 3
2	7+ 4	3+ 1	3	5
5 5	3	2	4÷ 4	1
30x 3	5	12x 4	1	6+ 2
1	2	3	5 5	4

321

12x	12+	20x		
			1-	
	5÷	3		9+
10x		4	8+	
	2			3

322

11+		9+		
	3x	9+		
		9+		6x
6+		5		
3	5	8x		1

323

2-	8x	12+	1-	5
				3÷
2x			160x	
1	6x			
9+		4+		

324

7+		4÷		12+
12+	1-			
		3	5x	
	60x	10x		
1			4	2

313 Solution

9+ 5	4	6x 2	3	1 1
5+ 4	1	3 3	3- 5	2
3÷ 3	10+ 2	5	1	1- 4
1	9+ 5	4	2	3
6+ 2	3	1	20x 4	5

314 Solution

6x 2	8+ 3	5	8x 4	1
3	7+ 5	1 1	2	4 4
20x 1	2	20x 4	5	2- 3
4	1	2 2	6+ 3	5
5	1- 4	3	1	2

315 Solution

1- 1	2	45x 5	3	4 4
40x 2	5 5	3	2÷ 4	3x 1
5	1	4	2	3
4 4	3 3	3+ 1	13+ 5	2
1- 3	4	2	1	5

316 Solution

20x 4	5	6+ 2	6x 1	3
6+ 5	1	3	4 4	2
1- 3	4	1	2 2	20x 5
4x 2	3 3	9+ 4	5	1
1	2	2- 5	3	4

325

3-		8+		32x
6x		1	5	
2-		2		
7+		60x	3+	8+

326

6x			20x	2÷
8+	3			
		7+		5x
20x		2-	2	
2÷			2-	

327

1-	1-	2÷		6+
		1-	15x	
20x	8+			4
			6x	
8+		4x		

328

2	1-		6+	
5	6+	7+		
12x			8+	
		60x	10x	
1				4

317 Solution

3- 1	4	11+ 3	2	5 5
5x 5	1	2	3 3	4 4
5+ 3	2	4	7+ 5	1
7+ 4	3	20x 5	1	1- 2
10x 2	5	1	4	3

318 Solution

5x 1	10x 5	24x 3	2	4
5	1	2	9+ 4	3 3
10+ 4	3	1 1	5	2 2
3	6+ 2	4	1 1	9+ 5
40x 2	4	5	3	1

319 Solution

160x 4	5	2x 2	1	9+ 3
2	4	60x 5	3	1
2÷ 1	2	3 3	4	5
5 5	2- 3	5+ 1	3- 2	2÷ 4
3 3	1	4	5	2

320 Solution

1 1	60x 3	9+ 5	2- 2	4
10x 2	5	4	5+ 3	1
5	4	4+ 3	1	2 2
12x 3	4x 2	1	1- 4	8+ 5
4	1	2	5	3

329

5÷	9x		20x	40x
	2			
3	20x		2	
10+			6+	3÷
	5			

330

10x	8+		4÷	
	2-	4x		3x
3÷		10x		
	8+	1-	1-	7+

331

4	1	30x		
40x			3x	
2-	8+		11+	
	11+	4+	2	
			5+	

332

20x	2-		2	8+
	2	4		
	11+		3+	
5+			20x	2-
	3-			

321 Solution

12x 4	12+ 3	20x 2	5	1
3	4	5	1- 1	2
1	5÷ 5	3 3	2	9+ 4
10x 2	1	4 4	8+ 3	5
5	2 2	1	4	3 3

322 Solution

11+ 2	4	9+ 1	3	5
5	3x 1	9+ 3	2	4
1	3	9+ 4	5	6x 2
6+ 4	2	5 5	1	3
3 3	5 5	8x 2	4	1 1

323 Solution

2- 3	8x 2	12+ 4	1- 1	5 5
5	4	3	2	3÷ 1
2x 2	1	5	160x 4	3
1 1	6x 3	2	5	4
9+ 4	5	4+ 1	3	2

324 Solution

7+ 2	5	4÷ 4	1	12+ 3
12+ 5	1- 1	2	3	4
4	2	3 3	5x 5	1
3	60x 4	10x 1	2	5
1 1	3	5	4 4	2 2

333

5+	5+		5x	12x
	2	4-		
240x	5		8+	
1	9+			5

334

3÷	4x	5	4	30x
		6x	5	
8+			6+	
	5	60x		5+

335

48x		4x		5
		13+	6+	
4	3			1-
7+			6x	
	7+			4

336

15x	40x			5+
	6x		1	
	2÷		8+	
2	2-		11+	
4	9+			

325 Solution

3- 4	1	8+ 5	3	32x 2
6x 3	2	1 1	5 5	4
2- 5	3	2 2	4	1
7+ 2	4	60x 3	3+ 1	8+ 5
1	5	4	2	3

326 Solution

6x 3	1	2	20x 5	2÷ 4
8+ 5	3 3	1	4	2
1	2	7+ 4	3	5x 5
20x 4	5	2- 3	2 2	1
2÷ 2	4	5	2- 1	3

327 Solution

1- 1	1- 3	2÷ 4	2	6+ 5
2	4	1- 3	15x 5	1
20x 5	8+ 1	2	3	4 4
4	2	5	6x 1	3
8+ 3	5	4x 1	4	2

328 Solution

2 2	1- 4	5	6+ 1	3
5 5	6+ 3	7+ 1	4	2
12x 4	1	2	8+ 3	5
3	2	60x 4	10x 5	1
1 1	5	3	2	4 4

337

1	15x		8x	
24x			5x	20x
1-				
9+	4-		5+	
	4	6+		

338

12+	4-	60x	3+	
			4	9+
	1-		1	
2÷		15x		
	8x			5

339

9+			2÷	
2	4x		2-	
1	20x		6+	
3-		6x	20x	
7+				

340

12x	1-		9+	1
	2x	5		6x
5		5+		
24x	11+			9+

329 Solution

5÷ 5	9x 3	1	20x 4	40x 2
1	2 2	3	5	4
3 3	20x 1	4	2 2	5
10+ 2	4	5	6+ 3	3÷ 1
4	5 5	2	1	3

330 Solution

10x 2	8+ 5	3	4÷ 1	4
5	2- 2	4x 1	4	3x 3
3÷ 3	4	10x 2	5	1
1	8+ 3	1- 4	1- 2	7+ 5
4	1	5	3	2

331 Solution

4 4	1 1	30x 2	5	3
40x 5	2	4	3x 3	1
2- 1	8+ 3	5	11+ 4	2
3	11+ 4	4+ 1	2 2	5
2	5	3	5+ 1	4

332 Solution

20x 1	2- 5	3	2 2	8+ 4
5	2 2	4 4	3	1
4	11+ 3	5	3+ 1	2
5+ 3	1	2	20x 4	2- 5
2	3- 4	1	5	3

341

5÷	11+			5
	4+	12x		1
1-			11+	
	20x	5x		
			4	3

342

20x	2x	4	2-	
		15x	6x	
			6+	
5+	12+	7+		4÷
			1	

343

6+		3	5÷	
3x		5	1-	2-
13+				
4		6x		
12x			7+	

344

9+		6x		15x
7+				
15x		1-		40x
1-		5x		
2	1		1-	

333 Solution

5+ 2	5+ 1	4	5x 5	12x 3
3	2 2	4- 5	1	4
240x 4	5 5	1	8+ 3	2
5	4	3	2	1
1 1	9+ 3	2	4	5 5

334 Solution

3÷ 3	4x 1	5 5	4	30x 2
1	4	6x 2	5 5	3
8+ 4	2	3	6+ 1	5
2	5 5	60x 1	3	5+ 4
5	3	4	2	1

335 Solution

48x 3	2	4x 1	4	5 5
2	4	13+ 3	6+ 5	1
4 4	3 3	5	1	1- 2
7+ 5	1	4	6x 2	3
1	7+ 5	2	3	4 4

336 Solution

15x 3	40x 5	4	2	5+ 1
5	6x 2	3	1 1	4
1	2÷ 4	2	8+ 5	3
2 2	2- 3	1	11+ 4	5
4 4	9+ 1	5	3	2

345

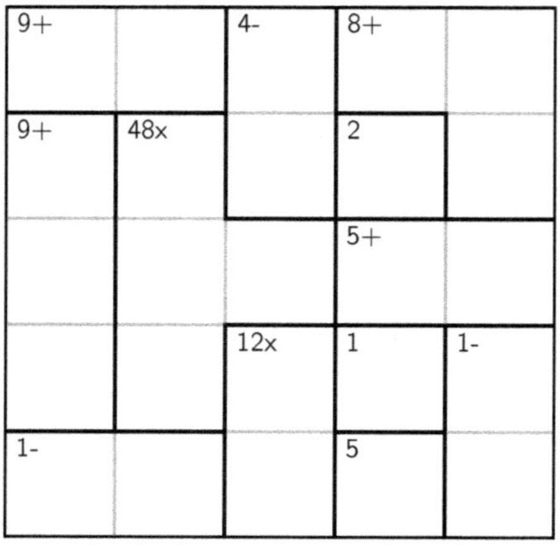

9+		4-	8+	
9+	48x		2	
			5+	
		12x	1	1-
1-			5	

346

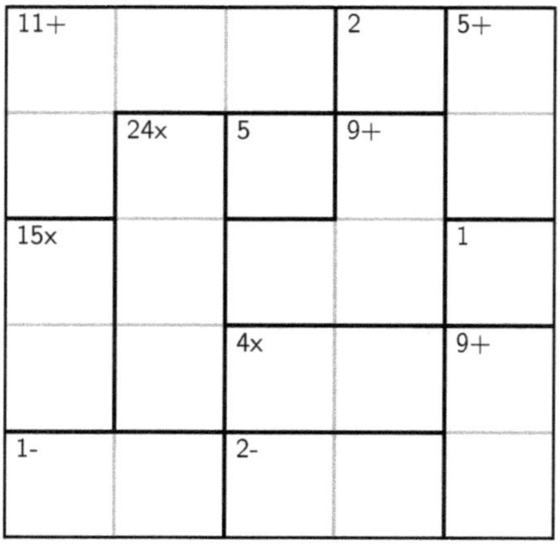

11+			2	5+
		24x	5	9+
15x				1
			4x	9+
1-			2-	

347

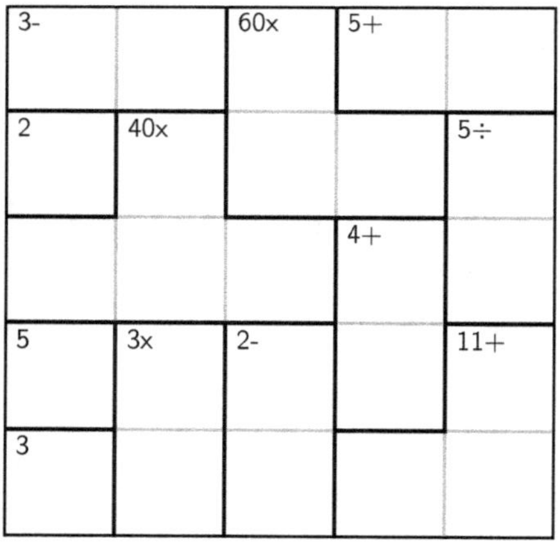

3-		60x	5+	
2	40x			5÷
			4+	
5	3x	2-		11+
3				

348

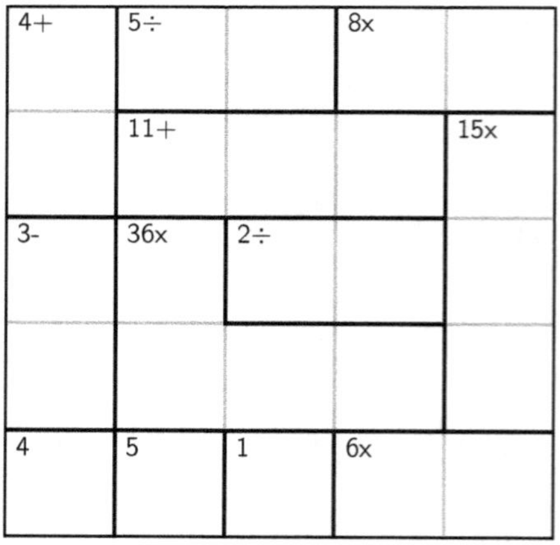

4+	5÷		8x	
	11+			15x
3-	36x	2÷		
4	5	1	6x	

337 Solution

1	15x 5	3	8x 4	2
24x 3	2	4	5x 1	20x 5
1- 2	3	1	5	4
9+ 4	4- 1	5	5+ 2	3
5	4	6+ 2	3	1

338 Solution

12÷ 3	4- 5	60x 4	3+ 2	1
5	1	3	4	9+ 2
4	1- 2	5	1	3
2÷ 2	3	15x 1	5	4
1	8x 4	2	3	5 5

339 Solution

9+ 3	5	1	2÷ 2	4
2	4x 1	4	2- 5	3
1	20x 4	5	6+ 3	2
3- 5	2	6x 3	20x 4	1
7+ 4	3	2	1	5

340 Solution

12x 4	1- 3	2	9+ 5	1 1
3	2x 1	5 5	4	6x 2
5	2	5+ 4	1	3
24x 2	11+ 5	1	3	9+ 4
1	4	3	2	5

349

2	3÷	5	1-	
9+		6+		10x
	2	5+		
3x	13+		30x	

350

8+		6+	1-	5x
3-				
9+			8x	
8x		30x	1	12x
			5	

351

11+	3x	2-	3	5
			100x	4÷
5÷	15x			7+
	4	1		

352

12+			40x	
	2÷			
11+			3x	12x
2	1	5		
4	2-		3-	

341 Solution

5÷ 1	11+ 4	2	3	5 5
5	4+ 3	12x 4	2	1 1
1- 4	1	3	11+ 5	2
3	20x 2	5x 5	1	4
2	5	1	4 4	3 3

342 Solution

20x 1	2x 2	4 4	2- 3	5
4	1	15x 5	6x 2	3
5	3	1	6+ 4	2
5+ 3	12+ 4	7+ 2	5	4÷ 1
2	5	3	1 1	4

343 Solution

6+ 2	4	3 3	5÷ 5	1
3x 3	1	5 5	1- 4	2- 2
13+ 5	2	1	3	4
4 4	5	6x 2	1	3
12x 1	3	4	7+ 2	5

344 Solution

9+ 4	5	6x 3	2	15x 1
7+ 1	2	4	3	5
15x 5	3	1- 2	1	40x 4
1- 3	4	5x 1	5	2
2 2	1 1	5	1- 4	3

353

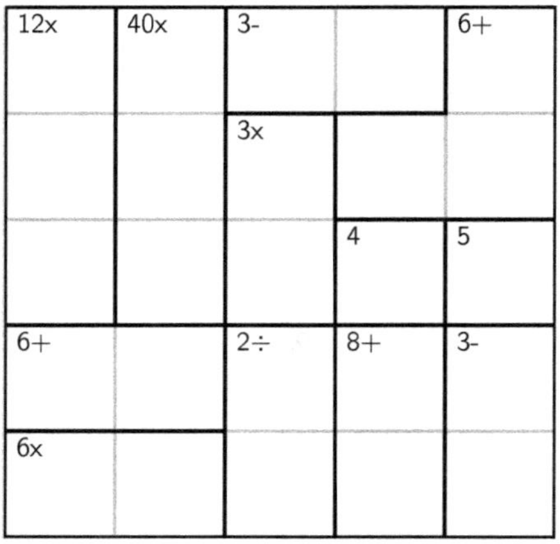

12x	40x	3-		6+
		3x		
			4	5
6+		2÷	8+	3-
6x				

354

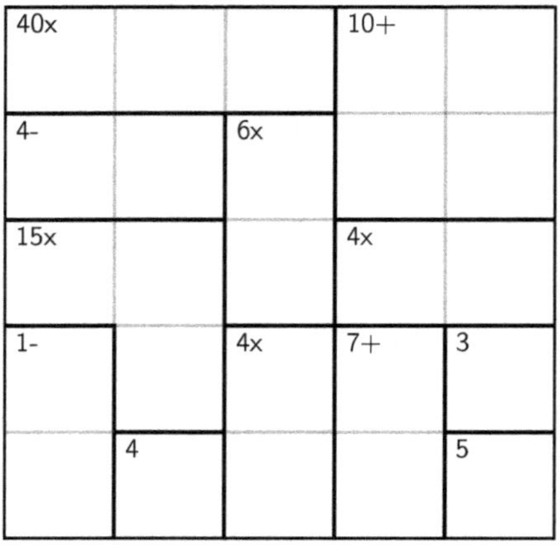

40x			10+	
	4-		6x	
15x			4x	
1-		4x	7+	3
	4			5

355

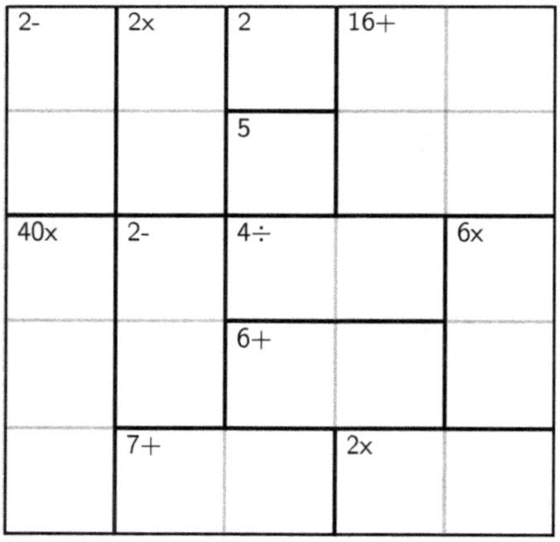

2-	2x	2	16+	
		5		
40x	2-	4÷		6x
		6+		
	7+		2x	

356

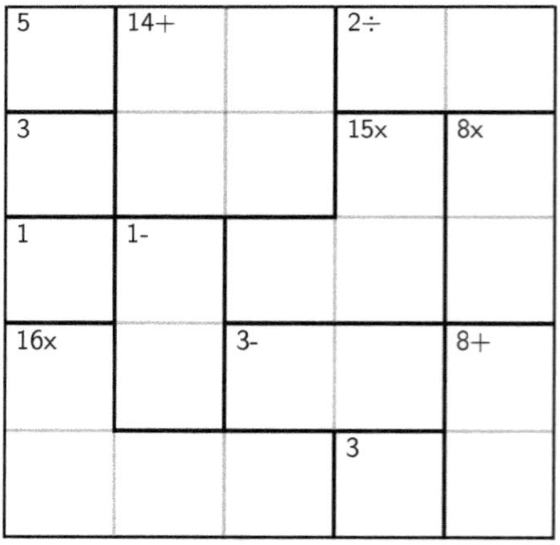

5	14+		2÷	
3			15x	8x
1	1-			
16x		3-		8+
			3	

345 Solution

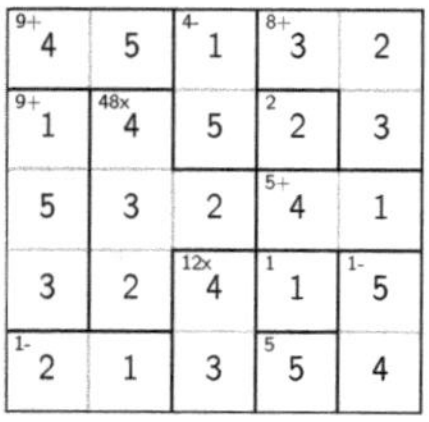

9+ 4	5	4- 1	8+ 3	2
9+ 1	48x 4	5	2 2	3
5	3	2	5+ 4	1
3	2	12x 4	1 1	1- 5
1- 2	1	3	5 5	4

346 Solution

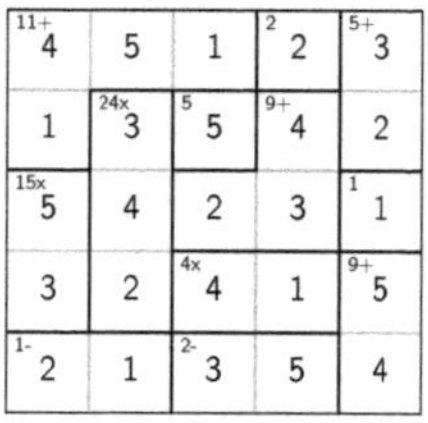

11+ 4	5	1	2 2	5+ 3
1	24x 3	5 5	9+ 4	2
15x 5	4	2	3	1 1
3	2	4x 4	1	9+ 5
1- 2	1	2- 3	5	4

347 Solution

3- 1	4	60x 5	5+ 2	3
2 2	40x 5	3	4	5÷ 1
4	2	1	4+ 3	5
5	3x 3	2- 4	1	11+ 2
3	1	2	5	4

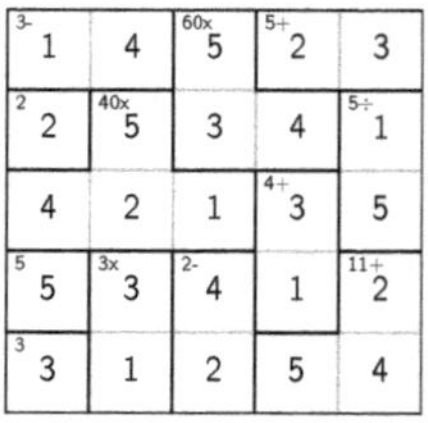

348 Solution

4+ 3	5÷ 1	5	8x 2	4
1	11+ 2	4	5	15x 3
3- 5	36x 3	2÷ 2	4	1
2	4	3	1	5
4 4	5	1 1	6x 3	2

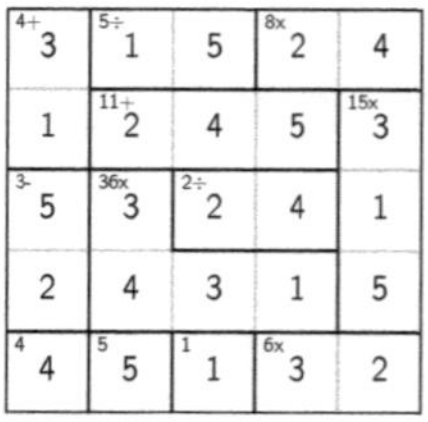

357

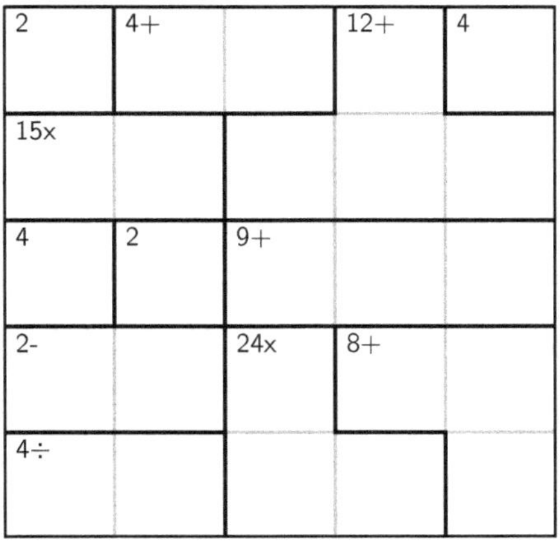

2	4+		12+	4
15x				
4	2	9+		
2-		24x	8+	
4÷				

358

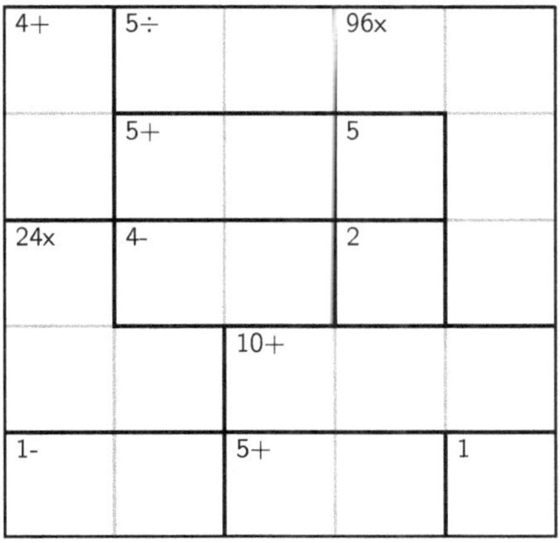

4+	5÷		96x	
		5+		5
24x	4-		2	
			10+	
1-		5+		1

359

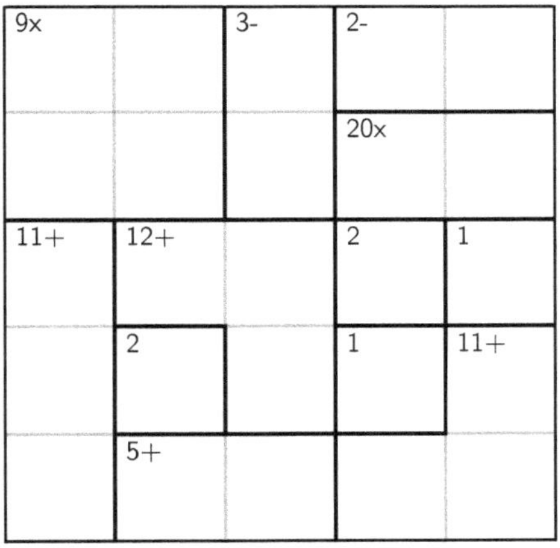

9x		3-	2-	
			20x	
11+	12+		2	1
	2		1	11+
	5+			

360

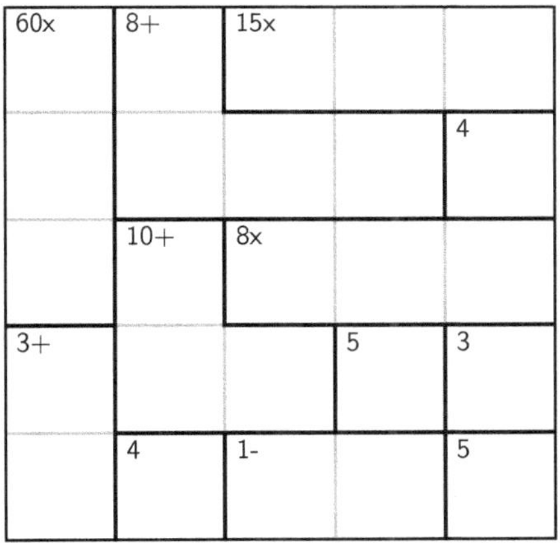

60x	8+	15x		
				4
	10+	8x		
3+			5	3
	4	1-		5

349 Solution

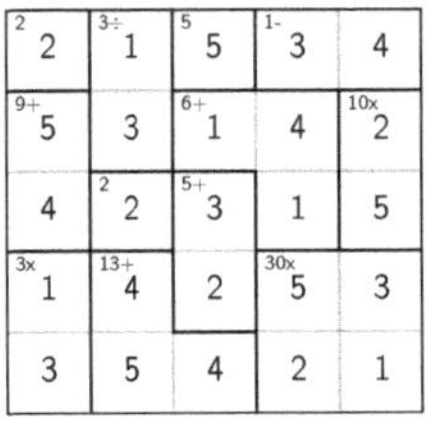

2	3÷ 1	5	1- 3	4
9+ 5	3	6+ 1	4	10x 2
4	2 2	5+ 3	1	5
3x 1	13+ 4	2	30x 5	3
3	5	4	2	1

350 Solution

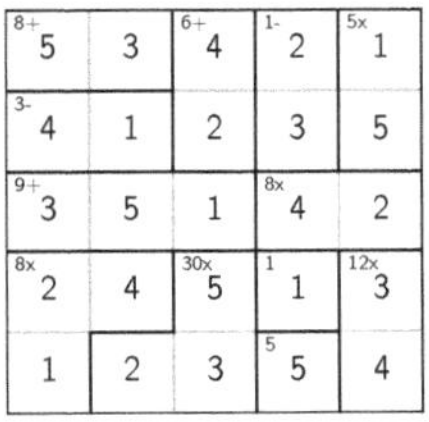

8+ 5	3	6+ 4	1- 2	5x 1
3- 4	1	2	3	5
9+ 3	5	1	8x 4	2
8x 2	4	30x 5	1	12x 3
1	2	3	5 5	4

351 Solution

11+ 4	3x 1	2- 2	3	5 5
2	3	4	100x 5	4÷ 1
3	2	5	1	4
5÷ 1	15x 5	3	4	7+ 2
5	4 4	1 1	2	3

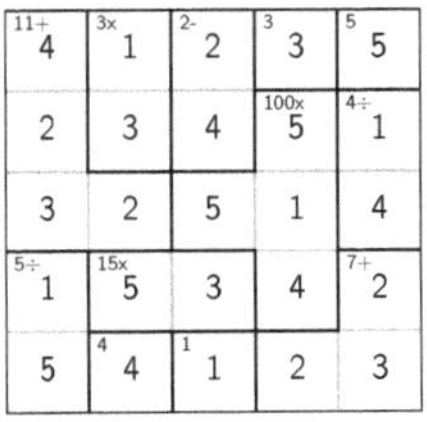

352 Solution

12÷		5	3	40x 4	2
3	2÷ 4	2	5	1
11- 5	2	4	3x 1	12x 3
2	1	5 5	3	4
4	2- 3	1	3- 2	5

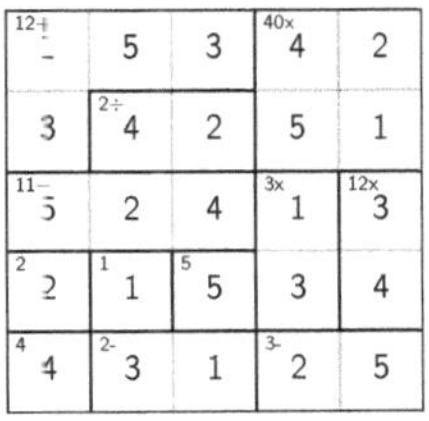

361

10x	4÷	1-	2-	
			5+	
4	3	11+		
4+	2x			12x
	40x			

362

7+	10x			8x
	5	3		
2x	6+		12x	
	16+	1-		5
			3+	

363

2	4x		75x	
1	2-			3÷
9+	12+	5	2	
		13+		
		2x		

364

75x		1	6+	
		2	1-	
5+	8+			4-
	2÷	1-	10+	
4				

353 Solution

12x 1	40x 4	3- 5	2	6+ 3
4	5	3x 3	1	2
3	2	1	4 4	5 5
6+ 5	1	2÷ 2	8+ 3	3- 4
6x 2	3	4	5	1

354 Solution

40x 4	2	5	10+ 3	1
4- 1	5	6x 3	4	2
15x 5	3	2	4x 1	4
1- 2	1	4x 4	7+ 5	3 3
3	4 4	1	2	5 5

355 Solution

2- 3	2x 1	2 2	16+ 4	5
1	2	5 5	3	4
40x 2	2- 5	4÷ 4	1	6x 3
4	3	6+ 1	5	2
5	7+ 4	3	2x 2	1

356 Solution

5 5	14+ 3	4	2÷ 2	1
3 3	2	5	15x 1	8x 4
1 1	1- 4	3	5	2
16x 2	5	3- 1	4	8+ 3
4	1	2	3 3	5

365

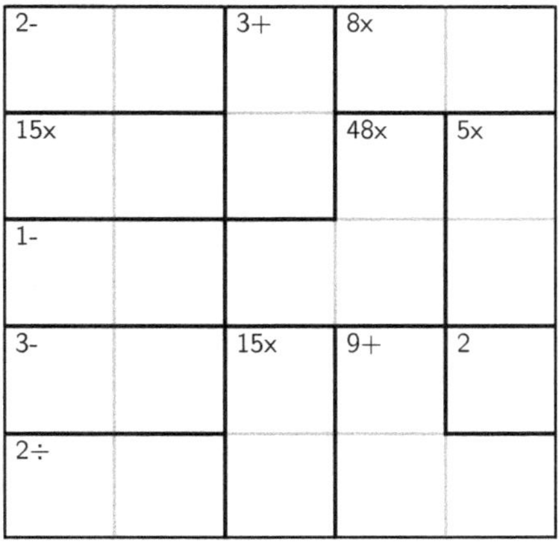

2-		3+	8x	
15x			48x	5x
1-				
3-		15x	9+	2
2÷				

366

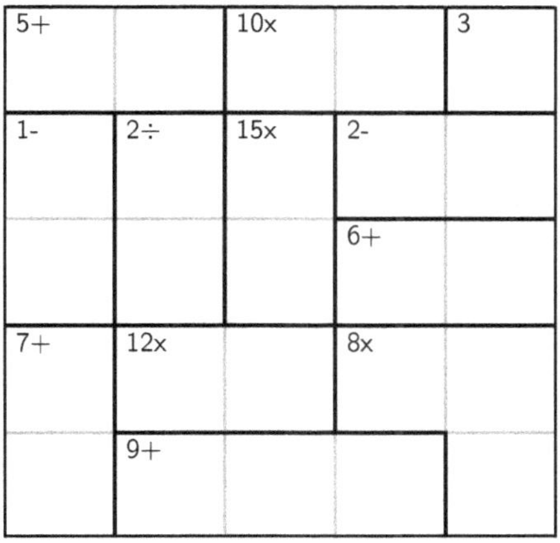

5+		10x		3
1-	2÷	15x	2-	
			6+	
7+	12x		8x	
	9+			

367

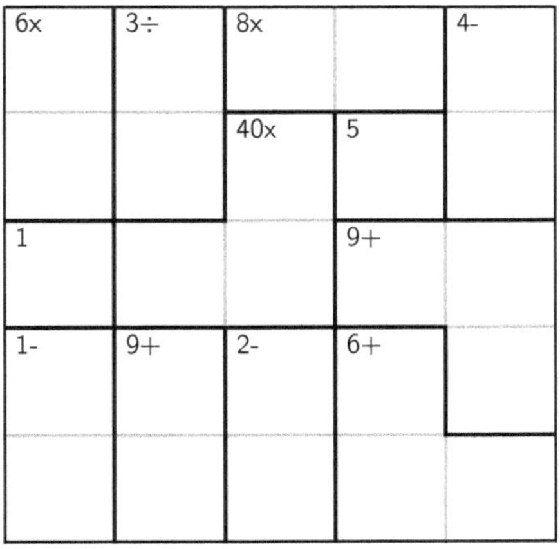

6x	3÷	8x		4-
		40x	5	
1			9+	
1-	9+	2-	6+	

368

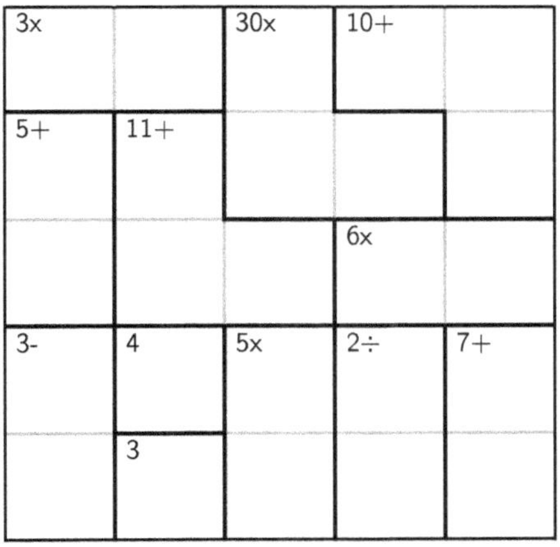

3x		30x	10+	
5+	11+			
			6x	
3-	4	5x	2÷	7+
		3		

357 Solution

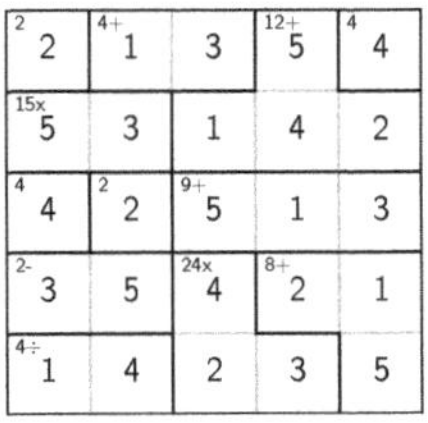

2	4+ 1	3	12+ 5	4
15x 5	3	1	4	2
4	2	9+ 5	1	3
2- 3	5	24x 4	8+ 2	1
4÷ 1	4	2	3	5

358 Solution

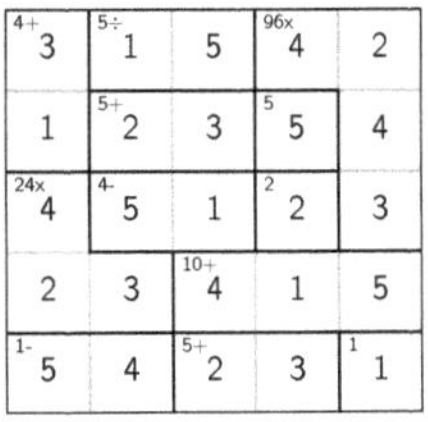

4+ 3	5÷ 1	5	96x 4	2
1	5+ 2	3	5	4
24x 4	4- 5	1	2 2	3
2	3	10+ 4	1	5
1- 5	4	5+ 2	3	1

359 Solution

9x 3	1	3- 5	2- 4	2
1	3	2	20x 5	4
11+ 4	12+ 5	3	2	1
5	2	4	1	11+ 3
2	5+ 4	1	3	5

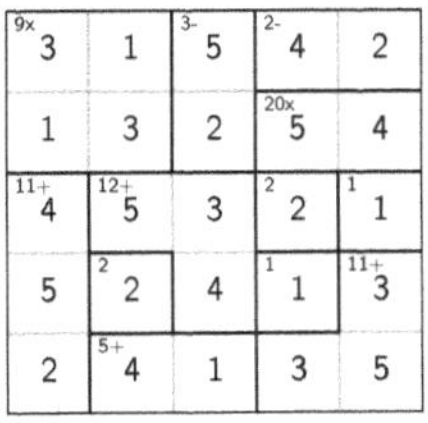

360 Solution

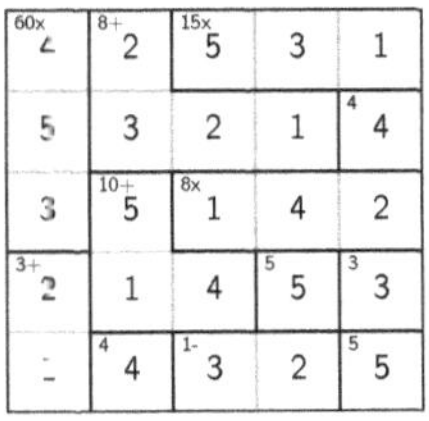

60x 2	8+ 2	15x 5	3	1
5	3	2	1	4 4
3	10+ 5	8x 1	4	2
3+ 2	1	4	5 5	3 3
÷	4	1- 3	2	5 5

369

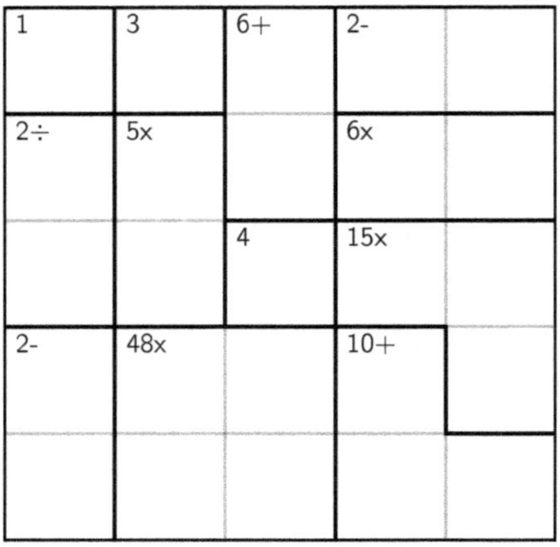

1	3	6+	2-	
2÷	5x		6x	
		4	15x	
2-	48x		10+	

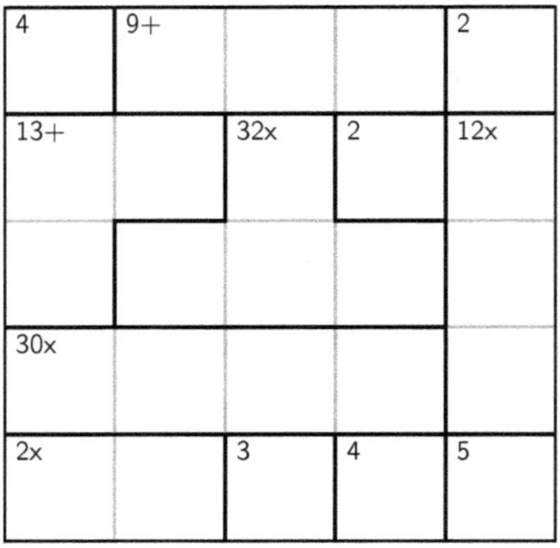

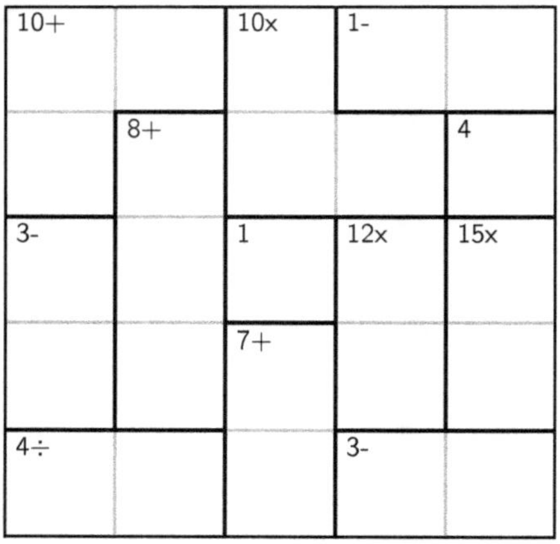

370

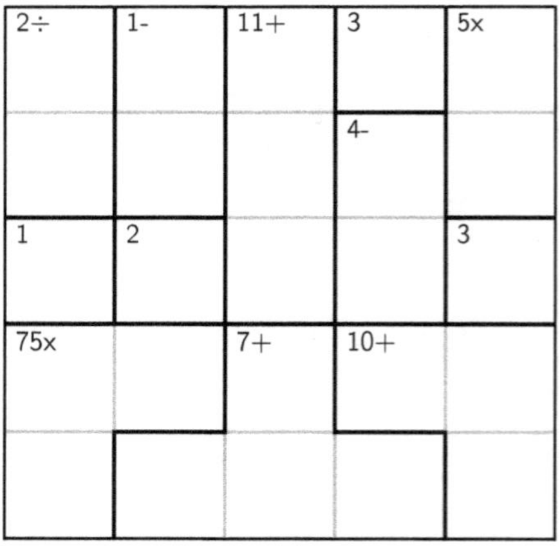

4	9+			2
13+		32x	2	12x
30x				
2x		3	4	5

371

10+		10x	1-	
	8+			4
3-		1	12x	15x
		7+		
4÷			3-	

372

2÷	1-	11+	3	5x
			4-	
1	2			3
75x		7+	10+	

361 Solution

10x 2	4÷ 1	1- 4	2- 3	5
5	4	3	5+ 2	1
4 4	3 3	11+ 5	1	2
4+ 3	2x 2	1	5	12x 4
1	40x 5	2	4	3

362 Solution

7+ 3	10x 2	1	5	8x 4
4	5 5	3 3	2	1
2x 2	6+ 1	5	12x 4	3
1	16+ 4	1- 2	3	5 5
5	3	4	3+ 1	2

363 Solution

2 2	4x 4	1	75x 3	5
1 1	2- 2	4	5	3÷ 3
9+ 4	12+ 3	5 5	2	1
5	1	13+ 3	4	2
3	5	2x 2	1	4

364 Solution

75x 5	3	1 1	6+ 4	2
1	5	2 2	1- 3	4
5+ 2	8+ 4	3	1	4- 5
3	2÷ 2	1- 4	10+ 5	1
4 4	1	5	2	3

373

20x		3	2	2-
	5+	4x		
2		20x		7+
4+	11+		15x	

374

3	8x	6+	2	14+
20x			3	2-
10x		12+	5+	
				2

375

3-		6+	60x	3
2	4			
8+	5÷	6x		8x
			1	
	14+			

376

12x	11+			
	8x		12+	
5		3		
2x	4	5	2-	
	7+		12x	

365 Solution

2- 5	3	3+ 1	8x 2	4
15x 3	5	2	48x 4	5x 1
1- 2	1	4	3	5
3- 1	4	15x 3	9+ 5	2 2
2÷ 4	2	5	1	3

366 Solution

5+ 1	4	10x 2	5	3 3
1- 3	2÷ 1	15x 5	2- 4	2
4	2	3	6+ 1	5
7+ 5	12x 3	4	8x 2	1
2	9+ 5	1	3	4

367 Solution

6x 3	3÷ 1	8x 2	4	4- 5
2	3	40x 4	5 5	1
1 1	2	5	9+ 3	4
1- 5	9+ 4	2- 3	6+ 1	2
4	5	1	2	3

368 Solution

3x 3	1	30x 2	10+ 4	5
5+ 4	11+ 2	3	5	1
1	5	4	6x 3	2
3- 2	4 4	5x 5	2÷ 1	7+ 3
5	3 3	1	2	4

377

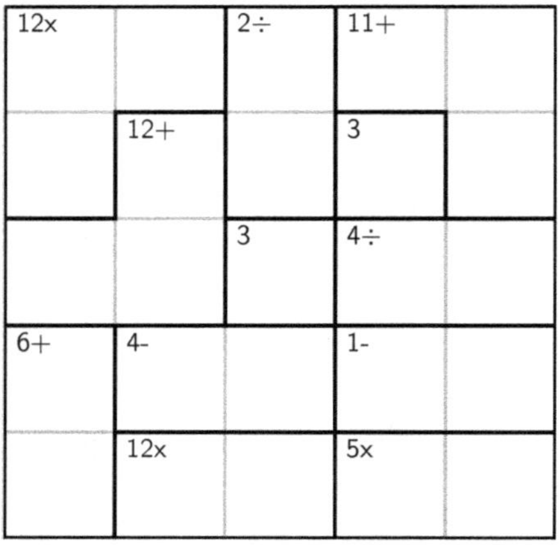

12x		2÷	11+	
	12+		3	
		3	4÷	
6+	4-		1-	
	12x		5x	

378

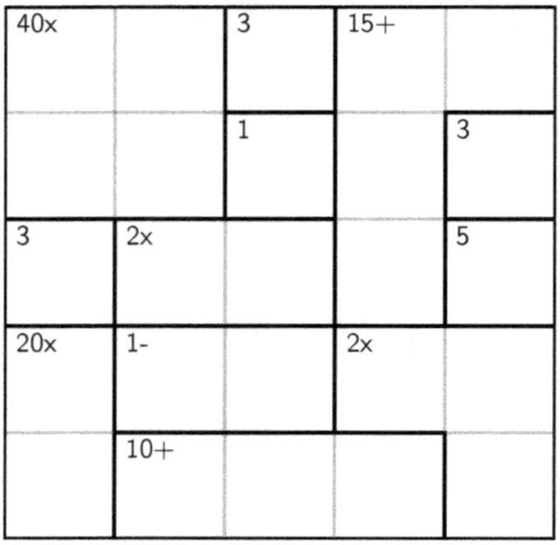

40x		3	15+	
		1		3
3	2x			5
20x	1-		2x	
		10+		

379

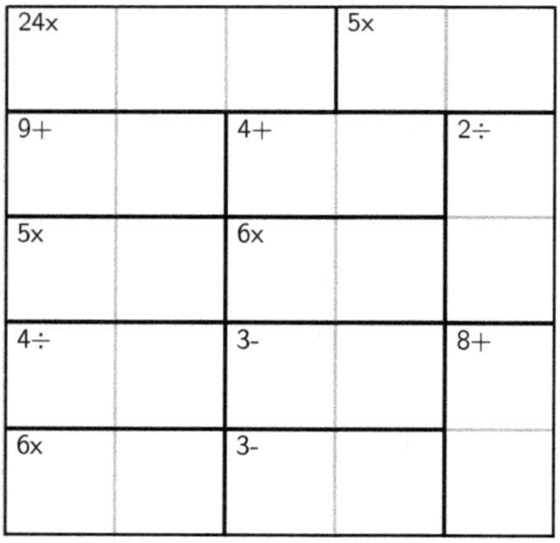

24x			5x	
9+		4+		2÷
5x		6x		
4÷		3-		8+
6x		3-		

380

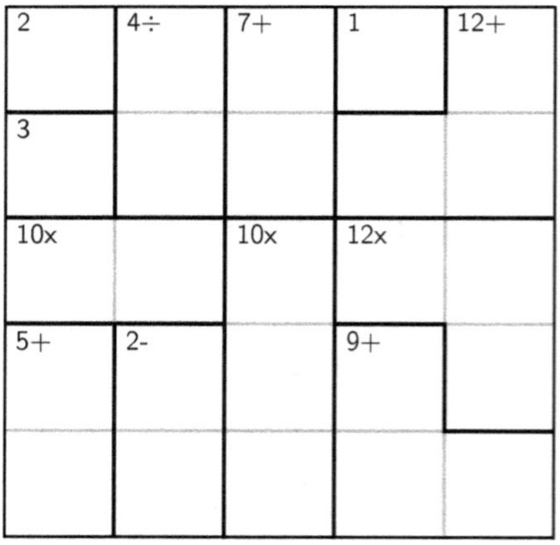

2	4÷	7+	1	12+
3				
10x		10x	12x	
5+	2-		9+	

369 Solution

1 1	3 3	6+ 5	2- 4	2
2÷ 4	5x 5	1	6x 2	3
2	1	4 4	15x 3	5
2- 3	48x 4	2	10÷ 5	1
5	2	3	1	4

370 Solution

4 4	9+ 3	1	5	2 2
13÷ 3	5	32x 4	2 2	12x 1
5	4	2	1	3
30x 1	2	5	3	4
2x 2	1	3 3	4 4	5 5

371 Solution

10+ 4	3	10x 5	1- 2	1
3	8+ 5	2	1	4 4
3- 5	2	1 1	12x 4	15x 3
2	1	7+ 4	3	5
4÷ 1	4	3- 3	5	2

372 Solution

2÷ 2	1- 4	11+ 5	3 3	5x 1
4	3	2	4- 1	5
1 1	2 2	4	5	3 3
75x 3	5	7+ 1	10+ 4	2
5	1	3	2	4

381

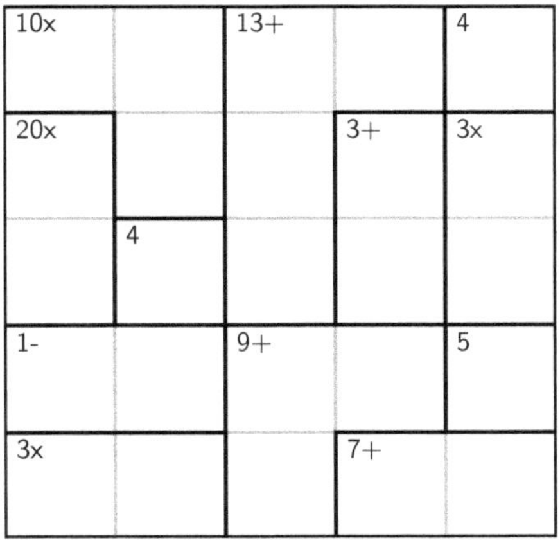

10x		13+		4
20x			3+	3x
	4			
1-		9+		5
3x		7+		

382

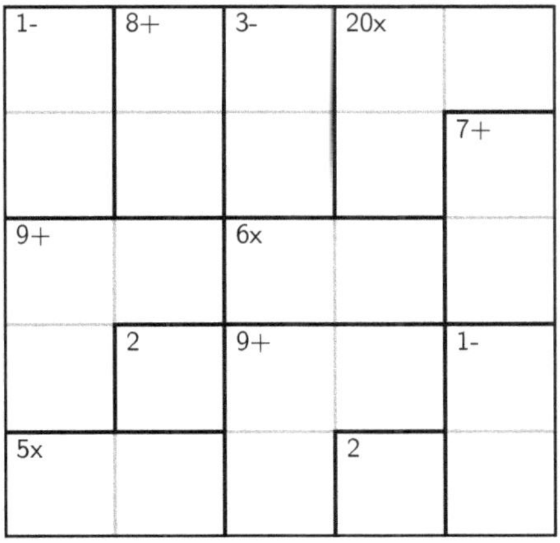

1-		8+	3-	20x
				7+
9+			6x	
		2	9+	1-
5x			2	

383

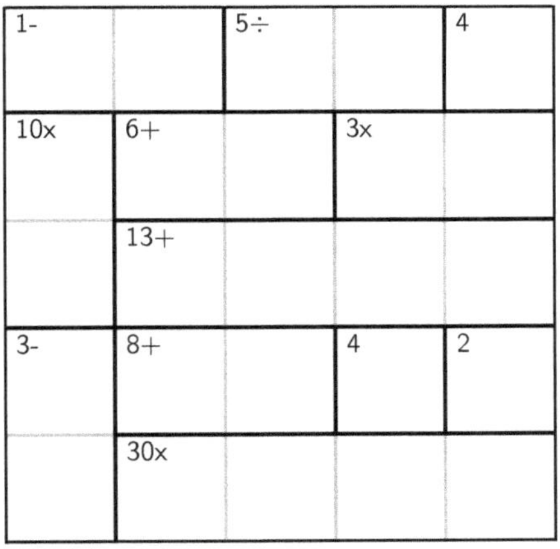

1-		5÷		4
10x	6+		3x	
	13+			
3-	8+		4	2
	30x			

384

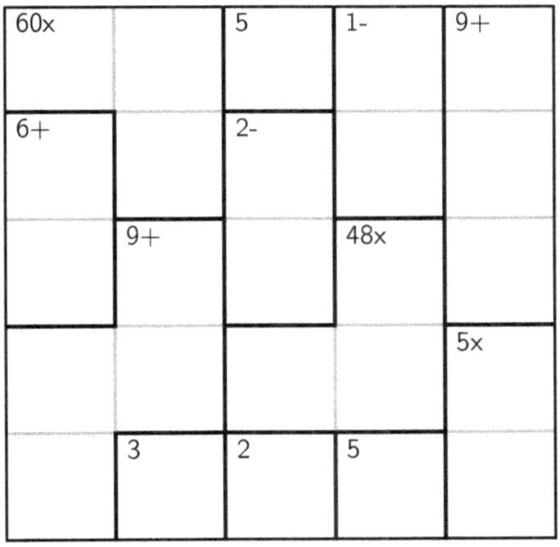

60x		5	1-	9+
6+		2-		
		9+	48x	
				5x
	3	2	5	

373 Solution

20x 4	1	3 3	2 2	2- 5
5	5+ 2	4x 1	4	3
2 2	3	20x 4	5	7+ 1
4+ 3	11+ 5	2	15x 1	4
1	4	5	3	2

374 Solution

3 3	8x 4	6+ 1	2 2	14+ 5
1	2	3	5	4
20x 4	5	2	3 3	2- 1
10x 2	1	12+ 5	5+ 4	3
5	3	4	1	2 2

375 Solution

3- 5	2	6+ 1	60x 4	3 3
2 2	4	5	3	1
8+ 3	5÷ 1	6x 2	5	8x 4
4	5	3	1 1	2
1	14+ 3	4	2	5

376 Solution

12x 4	11+ 3	1	2	5
3	8x 1	4	12+ 5	2
5	2	3 3	4	1
2- 2	4	5	2- 1	3
1	7+ 5	2	12x 3	4

385

3	40x	6+		5x
		2-	3	
4-			40x	
4÷	5+	10+		6x

386

8+		5+		10+
7+	4x	2÷		
		10x	15x	
1-				4
10x		8+		

387

6x		5x		1-
8x		4+	5	
5			12x	1-
10+		24x		
			3-	

388

9+		8+	3-	
1			1-	2-
10x		16x		
18x				20x
	5	2÷		

377 Solution

12x 3	4	2÷ 1	11+ 5	2
1	12+ 5	2	3 3	4
5	2	3 3	4÷ 4	1
6+ 4	4- 1	5	1- 2	3
2	12x 3	4	5x 1	5

378 Solution

40x 1	5	3 3	15+ 2	4
2	4	1 1	5	3 3
3 3	2x 1	2	4	5 5
20x 5	1- 3	4	2x 1	2
4	10+ 2	5	3	1

379 Solution

24x 2	3	4	5x 5	1
9+ 4	5	4+ 3	1	2÷ 2
5x 5	1	6x 2	3	4
4÷ 1	4	3- 5	2	8+ 3
6x 3	2	3- 1	4	5

380 Solution

2 2	4÷ 4	7+ 3	1 1	12+ 5
3 3	1	4	5	2
10x 5	2	10x 1	12x 4	3
5+ 4	2- 5	2	9+ 3	1
1	3	5	2	4

389

20x	1-		3-	
	2	24x		8+
	12+			
		15x	5	3+
2-			4	

390

13+	15x	24x		
			1-	
	6+	5x		2
		4	3	20x
7+		3÷		

391

4÷	2-	80x	15x	
				2
5	1-			1
6x	12+	6+		7+

392

10+		7+	5÷	7+
20x		6x	24x	5+
5				
1	3-			3

381 Solution

10x 2	1	13+ 5	3	4 4
20x 4	5	2	3+ 1	3x 3
5	4 4	3	2	1
1- 3	2	9+ 1	4	5 5
3x 1	3	4	7+ 5	2

382 Solution

1- 2	8+ 3	3- 4	20x 5	1
3	5	1	4	7+ 2
9+ 1	4	6x 2	3	5
4	2 2	9+ 5	1	1- 3
5x 5	1	3	2 2	4

383 Solution

1- 3	2	5÷ 1	5	4 4
10x 5	6+ 4	2	3x 1	3
2	13+ 1	4	3	5
3- 1	8+ 5	3	4 4	2 2
4	30x 3	5	2	1

384 Solution

60x 3	4	5 5	1- 1	9+ 2
6+ 1	5	2- 3	2	4
5	9+ 2	1	48x 4	3
2	1	4	3	5x 5
4	3 3	2 2	5 5	1

393

7+		15x		2
5		8+		
5+	8x		9+	
	3		1	30x
1-				

394

60x			3+	
1-	9+	3+		4
			11+	
4÷	4	10x	8+	
				3

395

1	50x	5+	2-	4
20x				3
			3÷	5x
10+				
1-			7+	

396

2÷	8+	3+	20x	12x
9+	4x	8+		2
			1-	
	9+			5

385 Solution

3 3	40x 5	6+ 2	4	5x 1
2	4	2- 1	3 3	5
4- 5	1	3	40x 2	4
4÷ 1	5+ 3	10+ 4	5	6x 2
4	2	5	1	3

386 Solution

8+ 5	3	5+ 4	1	10+ 2
7+ 3	4x 4	2÷ 1	2	5
4	1	10x 2	15x 5	3
1- 1	2	5	3	4 4
10x 2	5	8+ 3	4	1

387 Solution

6x 3	2	5x 5	1	1- 4
8x 2	4	4+ 1	5 5	3
5 5	1	3	12x 4	1- 2
10+ 4	5	24x 2	3	1
1	3	4	3- 2	5

388 Solution

9+ 4	1	8+ 3	3- 5	2
1 1	4	5	1- 2	2- 3
10x 5	2	16x 4	3	1
18x 2	3	1	4	20x 5
3	5 5	2÷ 2	1	4

397

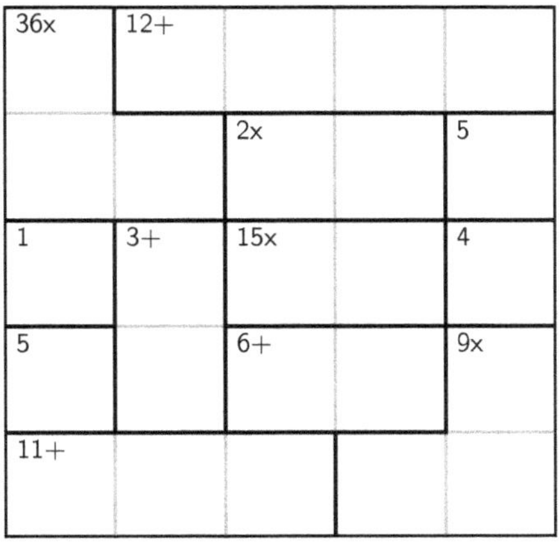

36x	12+			
		2x		5
1	3+	15x		4
5		6+		9x
11+				

398

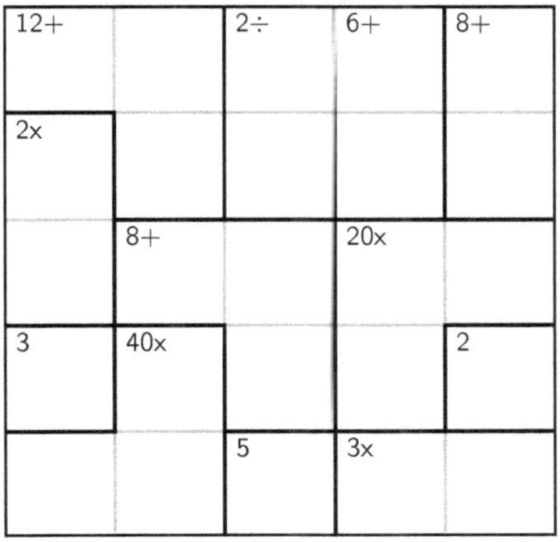

12+		2÷	6+	8+
2x				
		8+		20x
3	40x			2
			5	3x

399

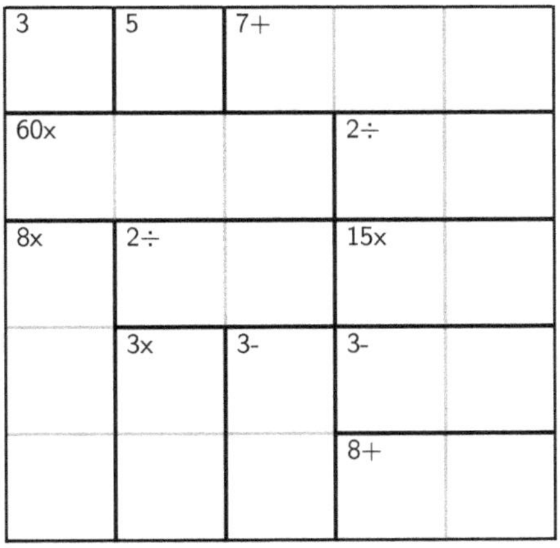

3	5	7+		
60x			2÷	
8x	2÷		15x	
	3x	3-	3-	
			8+	

400

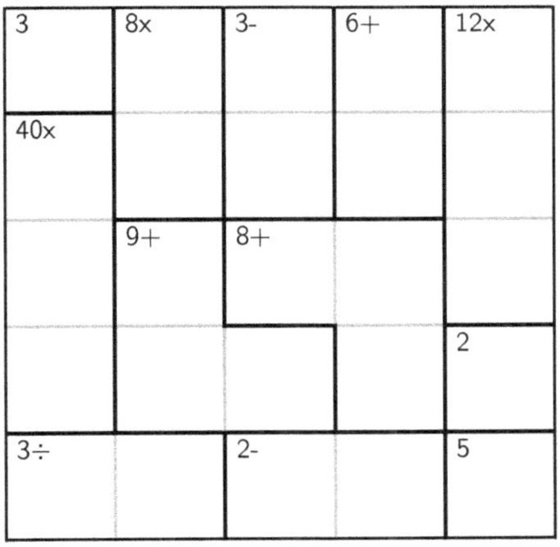

3	8x	3-	6+	12x
40x				
		9+	8+	
				2
3÷			2-	5

389 Solution

20x 5	1- 3	2	3- 1	4
1	2 2	24x 4	3	8+ 5
4	12+ 5	1	2	3
2	4	15x 3	5 5	3+ 1
2- 3	1	5	4 4	2

390 Solution

13÷ 5	15x 1	24x 2	4	3
4	3	5	1- 2	1
3	6+ 4	5x 1	5	2 2
1	2	4 4	3 3	20x 5
7+ 2	5	3÷ 3	1	4

391 Solution

4÷ 4	2- 1	80x 2	15x 3	5
1	3	4	5	2 2
5 5	1- 4	3	2	1 1
6x 3	12÷ 2	6+ 5	1	7+ 4
2	5	1	4	3

392 Solution

10+ 2	4	7+ 3	5÷ 1	7+ 5
3	1	4	5	2
20x 4	5	6x 2	24x 3	5÷ 1
5 5	3	1	2	4
1 1	3- 2	5	4	3 3

401

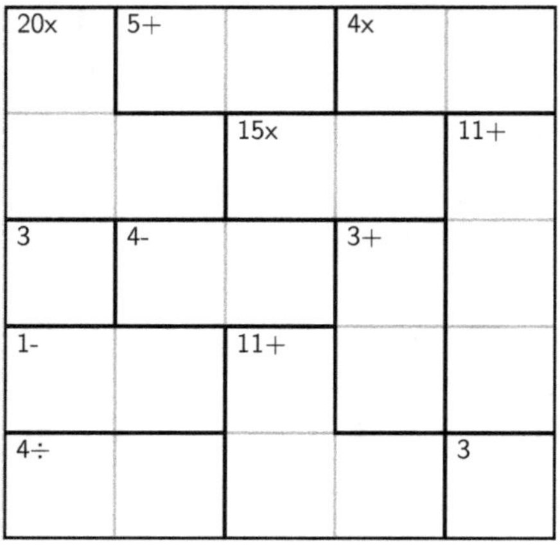

20x	5+		4x	
		15x		11+
3	4-		3+	
1-		11+		
4÷				3

402

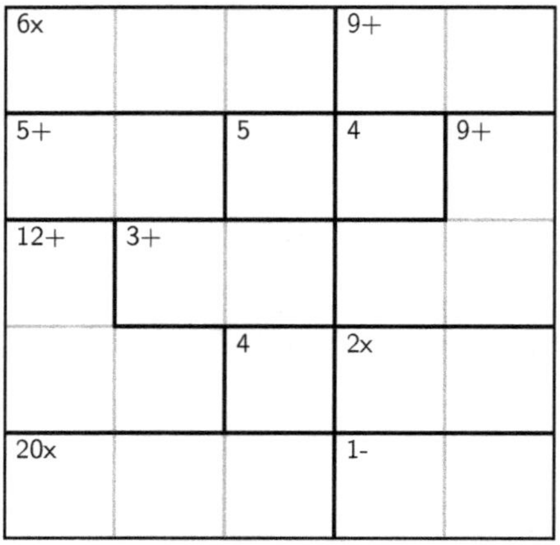

6x			9+	
5+		5	4	9+
12+	3+			
			4	2x
20x			1-	

403

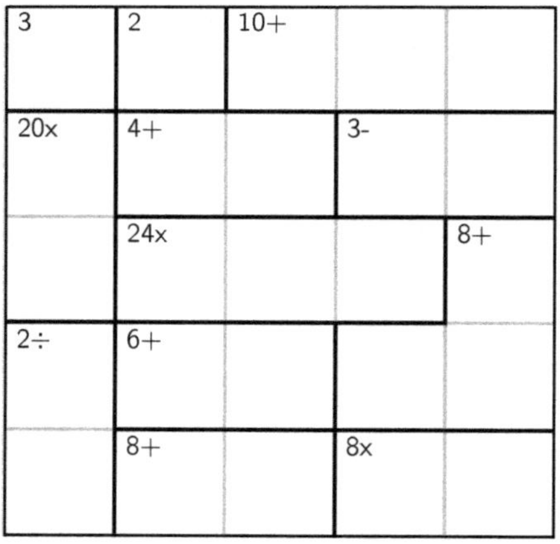

3	2	10+		
20x	4+		3-	
	24x			8+
2÷	6+			
	8+		8x	

404

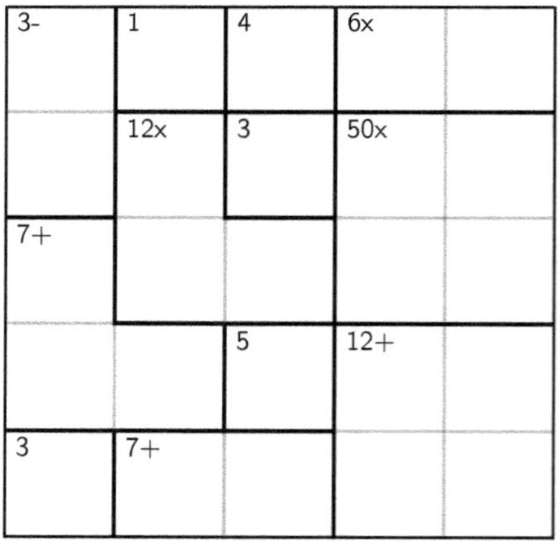

3-	1	4	6x	
		12x	3	50x
7+				
			5	12+
3	7+			

393 Solution

7+ 1	4	15x 5	3	2 2
5 5	2	8+ 3	4	1
5+ 3	8x 1	2	9+ 5	4
2	3 3	4	1	30x 5
1- 4	5	1	2	3

394 Solution

60x 5	3	4	3+ 2	1
1- 3	9+ 5	3+ 2	1	4 4
2	1	3	11+ 4	5
4÷ 1	4	10x 5	8+ 3	2
4	2	1	5	3 3

395 Solution

1	50x 5	5+ 3	2- 2	4 4
20x 5	1	2	4	3
4	2	5	3+ 3	5x 1
10+ 2	3	4	1	5
1- 3	4	1	7+ 5	2

396 Solution

2÷ 2	8+ 3	3+ 1	20x 5	12x 4
4	5	2	1	3
9+ 3	4x 1	8+ 5	4	2 2
5	4	3	1- 2	1
1	9+ 2	4	3	5 5

405

3+	40x	1-		60x
		9+		
				2
12x		10x		1
2-		1-		4

406

4÷		15x		6+
2-			9+	
4	7+			1
8+		24x		3
			4-	

407

10+	6x		4÷	
	6+		5+	
	8x		40x	15x
5+		1		
2-		4		

408

4+		2x	20x	
4	10+		40x	2
				3x
60x				
1-		8+		4

397 Solution

36x 3	12+ 5	4	1	2
4	3	2x 1	2	5 5
1 1	3+ 2	15x 3	5	4 4
5 5	1	6+ 2	4	9x 3
11+ 2	4	5	3	1

398 Solution

12+ 5	4	2÷ 1	6+ 2	8+ 3
2x 1	3	2	4	5
2	8+ 1	3	20x 5	4
3 3	40x 5	4	1	2 2
4	2	5 5	3x 3	1

399 Solution

3 3	5 5	7+ 1	4	2
60x 5	4	3	2÷ 2	1
8x 1	2÷ 2	4	15x 5	3
2	3x 3	3- 5	3- 1	4
4	1	2	8+ 3	5

400 Solution

3 3	8x 4	3- 2	6+ 5	12x 1
40x 4	2	5	1	3
2	9+ 5	8+ 1	3	4
5	1	3	4	2 2
3÷ 1	3	2- 4	2	5 5

409

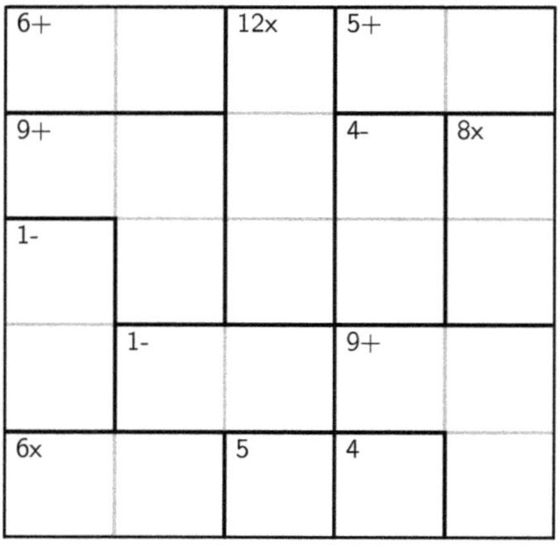

6+		12x	5+	
9+			4-	8x
1-				
	1-		9+	
6x		5	4	

410

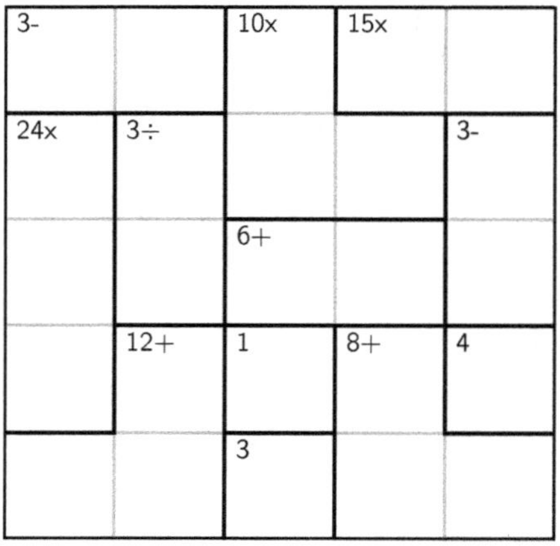

3-			10x	15x
24x	3÷			3-
			6+	
		12+	1	8+	4
			3	

411

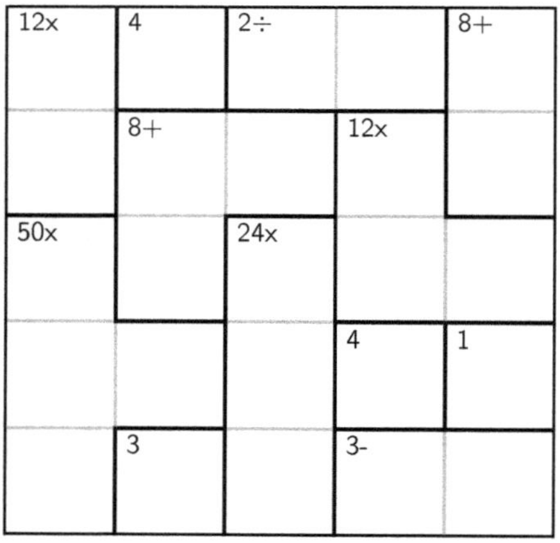

12x	4	2÷		8+
	8+		12x	
50x		24x		
			4	1
	3		3-	

412

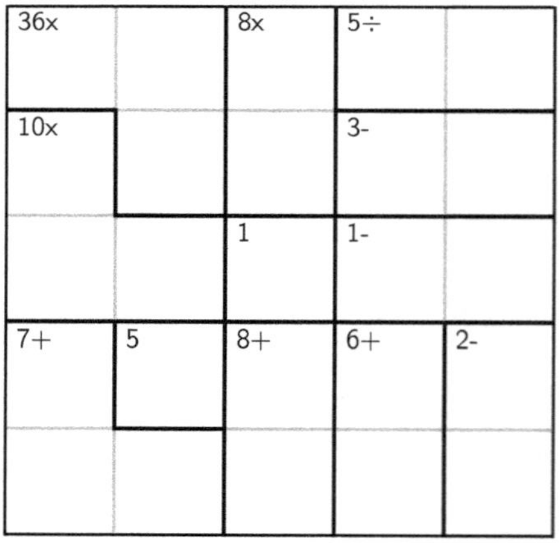

36x		8x		5÷	
10x				3-	
			1	1-	
7+	5	8+		6+	2-

401 Solution

20x 5	5+ 2	3	4x 4	1
4	1	15x 5	3	11÷ 2
3 3	4- 5	1	3+ 2	4
1- 2	3	11÷ 4	1	5
4÷ 1	4	2	5	3 3

402 Solution

6x 1	2	3	9+ 5	4
5+ 2	3	5	4	9+ 1
12+ 4	3+ 1	2	3	5
3	5	4 4	2x 1	2
20x 5	4	1	1- 2	3

403 Solution

3 3	2 2	10+ 4	1	5
20x 4	4+ 1	3	3- 5	2
5	24x 4	2	3	8+ 1
2÷ 2	6+ 5	1	4	3
1	8+ 3	5	8x 2	4

404 Solution

3- 5	1	4	6x 3	2
2	12x 4	3	50x 5	1
7+ 4	3	1	2	5
1	2	5 5	12+ 4	3
3 3	7+ 5	2	1	4

413

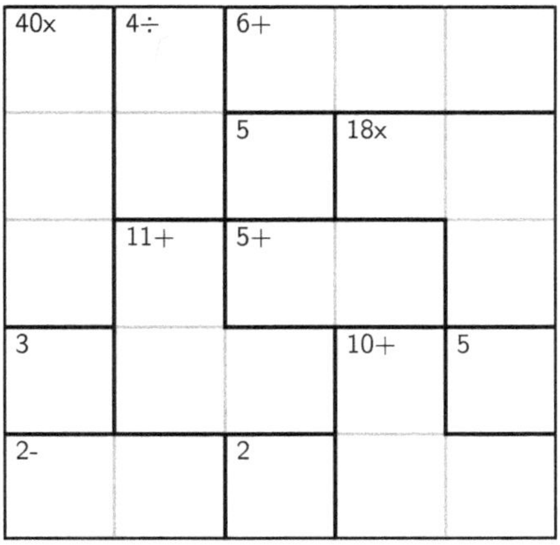

40x	4÷	6+		
		5	18x	
	11+	5+		
3			10+	5
2-		2		

414

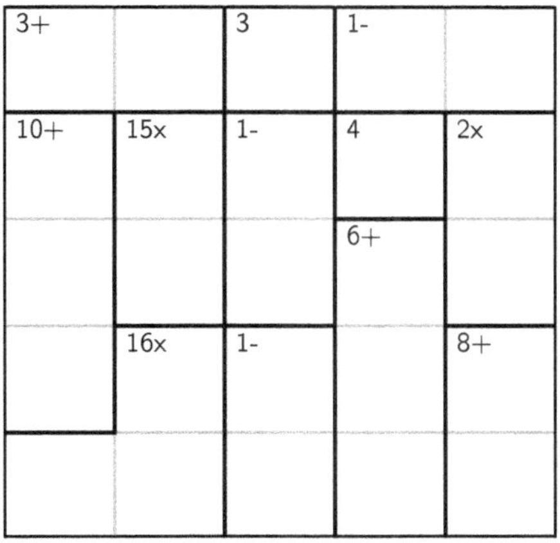

3+		3	1-	
10+	15x	1-	4	2x
			6+	
	16x	1-		8+

415

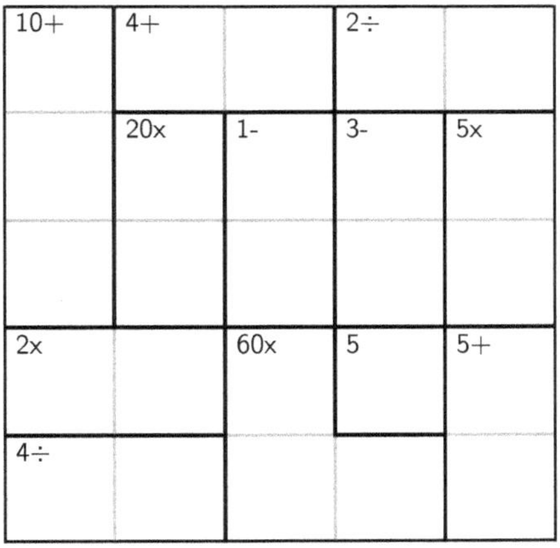

10+	4+		2÷	
	20x	1-	3-	5x
2x		60x	5	5+
4÷				

416

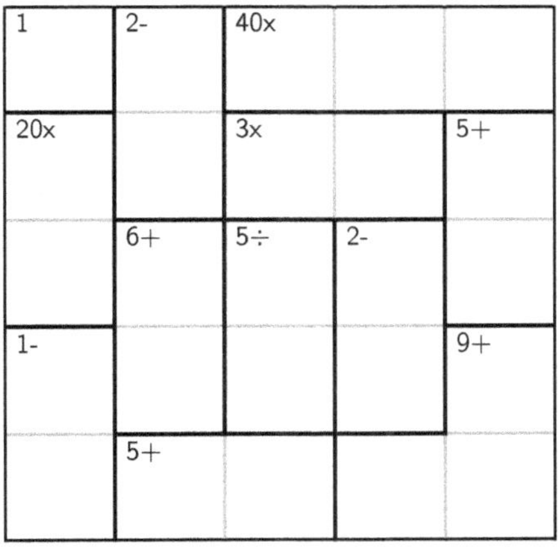

1	2-	40x		
20x		3x		5+
	6+	5÷	2-	
1-				9+
	5+			

405 Solution

3+ 2	40x 1	1- 4	3	60x 5
1	2	9+ 5	4	3
5	4	3	1	2 2
12x 4	3	10x 2	5	1
2- 3	5	1- 1	2	4 4

406 Solution

4÷ 1	4	15x 3	5	6+ 2
2- 3	5	1	9+ 2	4
4	7+ 2	5	3	1 1
8+ 5	1	24x 2	4	3 3
2	3	4	4- 1	5

407 Solution

10+ 5	6x 2	3	4÷ 1	4
4	6+ 1	5	5- 3	2
1	8x 4	2	40x 5	15x 3
5+ 2	3	1	4	5
2- 3	5	4 4	2	1

408 Solution

4+ 3	1	2x 2	20x 4	5
4 4	10+ 3	1	40x 5	2 2
2	5	4	1	3x 3
60x 5	4	3	2	1
1- 1	2	8+ 5	3	4 4

417

9+			4	2
15x		2-	7+	
9+				5
	2-	6+	15x	
			3	

418

5	8+			6x
1	40x			
4	1-		4-	10+
48x		5x		
			3	

419

2	1	20x		3
4÷	11+		3-	
			12+	
75x		5+		
	4		1-	

420

5	8x	2	12x	2-
1				
30x			4x	
1-		6+		10x
7+				

409 Solution

6+ 1	5	12x 4	5+ 2	3
9+ 3	2	1	4- 5	8x 4
1- 5	4	3	1	2
4	1- 1	2	9+ 3	5
6x 2	3	5 5	4 4	1

410 Solution

3- 1	4	10x 2	15x 5	3
24x 4	3÷ 3	5	1	3- 2
3	1	6+ 4	2	5
2	12+ 5	1 1	8+ 3	4 4
5	2	3 3	4	1

411 Solution

12x 3	4 4	2÷ 1	2	8+ 5
4	8+ 2	5	12x 1	3
50x 5	1	24x 2	3	4
2	5	3	4 4	1 1
1	3 3	4	3- 5	2

412 Solution

36x 3	4	8x 2	5÷ 1	5
10x 1	3	4	3- 5	2
5	2	1 1	1- 3	4
7+ 2	5 5	8+ 3	6+ 4	2- 1
4	1	5	2	3

421

10+		12x		7+
1-		25x		
	4			
5+		1-		15x
1	9+		2	

422

10x	9+		2÷	3
	6+	9x		4-
4				
1	10+		160x	
3x				

423

15x			2÷	
1-	12+		5x	2
		6+		3
12x	8+		1-	4-

424

80x		12+	8+	1-
2				4
1	2	24x		5
8+			3-	

413 Solution

40x 5	4÷ 4	6+ 3	2	1
4	1	5 5	18x 3	2
2	11+ 5	5+ 1	4	3
3 3	2	4	10+ 1	5 5
2- 1	3	2 2	5	4

414 Solution

3+ 1	2	3 3	1- 5	4
10+ 2	15x 3	1- 5	4 4	2x 1
3	5	4	6+ 1	2
5	16x 4	1- 1	2	8+ 3
4	1	2	3	5

415 Solution

10+ 5	4+ 3	1	2÷ 2	4
3	20x 5	1- 2	3- 4	5x 1
2	4	3	1	5
2x 1	2	60x 4	5 5	5+ 3
4÷ 4	1	5	3	2

416 Solution

1 1	2- 3	40x 2	5	4
20x 4	5	3x 3	1	5+ 2
5	6+ 4	5÷ 1	2- 2	3
1- 3	2	5	4	9+ 1
2	5+ 1	4	3	5

425

4	15x	7+		4÷
			4-	
2-	20x			2
	2x		7+	
7+			8+	

426

13+	1-		5+	
			10+	6+
15x	1	12x		
				1
2	4		8+	

427

5	1-		3+	
12+		4x		24x
2-		7+		
			8+	6+
4	6x			

428

2-		15x		
1	2-		2÷	
4+		11+		
10x	5÷		36x	
	8x			1

417 Solution

9+ 1	5	3	4 4	2 2
15x 5	3	2- 2	7+ 1	4
9+ 3	1	4	2	5 5
2	2- 4	6+ 1	15x 5	3
4	2	5	3 3	1

418 Solution

5 5	8+ 1	3	4	6x 2
1 1	40x 5	4	2	3
4 4	1- 3	2	4- 1	10+ 5
48x 3	2	5x 1	5	4
2	4	5	3 3	1

419 Solution

2 2	1 1	20x 4	5	3 3
4÷ 4	11+ 3	1	3- 2	5
1	2	5	12+ 3	4
75x 3	5	5+ 2	4	1
5	4 4	3	1- 1	2

420 Solution

5 5	8x 1	2 2	12x 4	2- 3
1 1	2	4	3	5
30x 2	3	5	4x 1	4
1- 4	5	6+ 3	2	10x 1
7+ 3	4	1	5	2

429

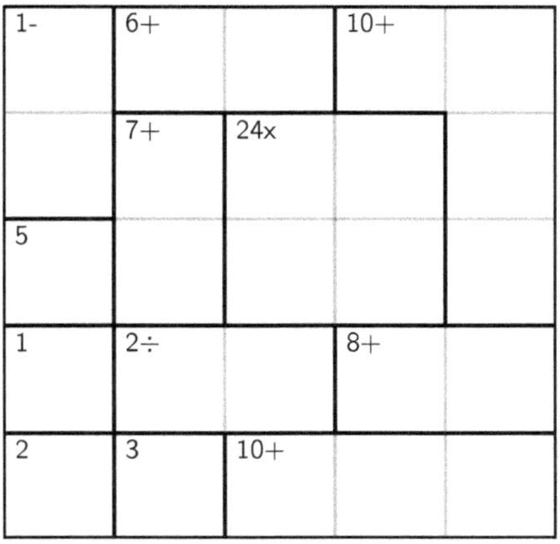

1-	6+		10+	
	7+	24x		
5				
1	2÷		8+	
2	3	10+		

430

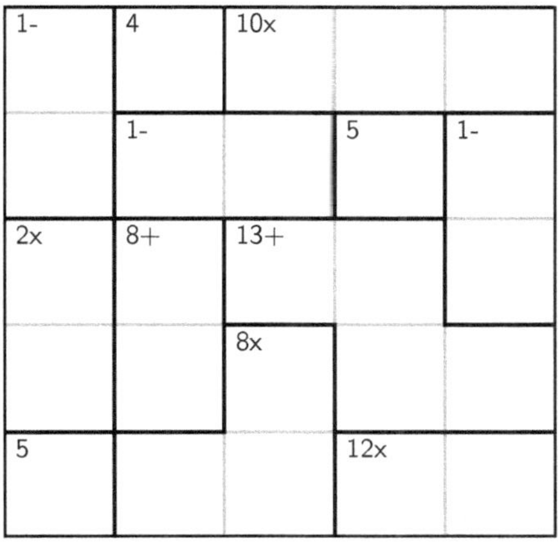

1-		4	10x	
		1-		5	1-
2x	8+	13+		
			8x	
5				12x

431

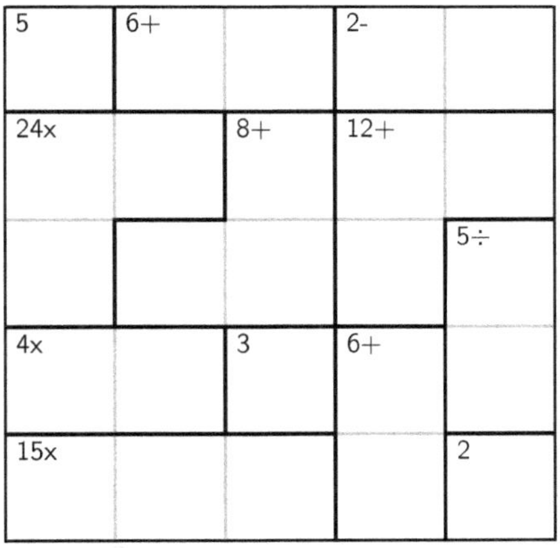

5	6+		2-	
24x		8+	12+	
				5÷
4x		3	6+	
15x				2

432

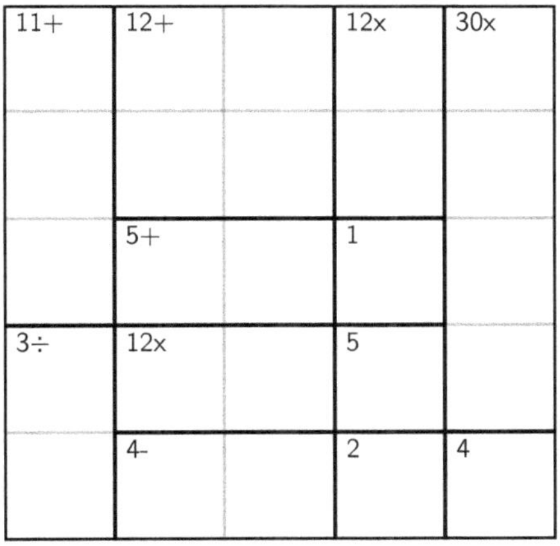

11+	12+		12x	30x
	5+		1	
3÷	12x		5	
	4-		2	4

421 Solution

10÷ 5	2	12x 3	4	7+ 1
1- 2	3	25x 5	1	4
3	4 4	1	5	2
5+ 4	1	1- 2	3	15x 5
1	9+ 5	4	2 2	3

422 Solution

10x 2	9+ 5	4	2÷ 1	3 3
5	6+ 4	9x 3	2	4- 1
4	2	1	3	5
1	10÷ 3	2	160x 5	4
3x 3	1	5	4	2

423 Solution

15x 5	3	1	2÷ 2	4
1- 1	12+ 4	3	5x 5	2 2
2	5	6+ 4	1	3 3
12x 4	8+ 1	2	1- 3	4- 5
3	2	5	4	1

424 Solution

80x 4	1	12+ 5	8+ 2	1- 3
5	4	3	1	2
2 2	3	1	5	4 4
1	2	24x 4	3	5 5
8÷ 3	5	2	3- 4	1

433

5	4	8+		40x
2x			12+	
4+				
	12x		5	
4	5		6x	

434

4x		6+	7+	15x
1-	20x			
			60x	4
1-				1-
8+		5+		

435

8+		2	4÷	
5+		5÷		1-
3-		5+		
8+			6x	10x
20x				

436

2÷	60x		3	7+
			1	
5	8x			3
6+		7+		20x
12x				

425 Solution

4 4	15x 5	7+ 3	2	4÷ 1
1	3	2	4- 5	4
2- 3	20x 4	5	1	2 2
5	2x 2	1	7+ 4	3
7+ 2	1	4	8+ 3	5

426 Solution

13+ 1	1- 5	4	5+ 2	3
4	3	5	10+ 1	6+ 2
15x 3	1 1	12x 2	5	4
5	2	3	4	1 1
2 2	4 4	1	8+ 3	5

427 Solution

5 5	1- 3	4	3+ 1	2
12+ 2	5	4x 1	4	24x 3
2- 3	1	7+ 5	2	4
1	4	2	8+ 3	6+ 5
4 4	6x 2	3	5	1

428 Solution

2- 4	2	15x 3	1	5
1 1	2- 3	5	2÷ 2	4
4+ 3	1	11+ 4	5	2
10x 2	5÷ 5	1	36x 4	3
5	8x 4	2	3	1 1

437

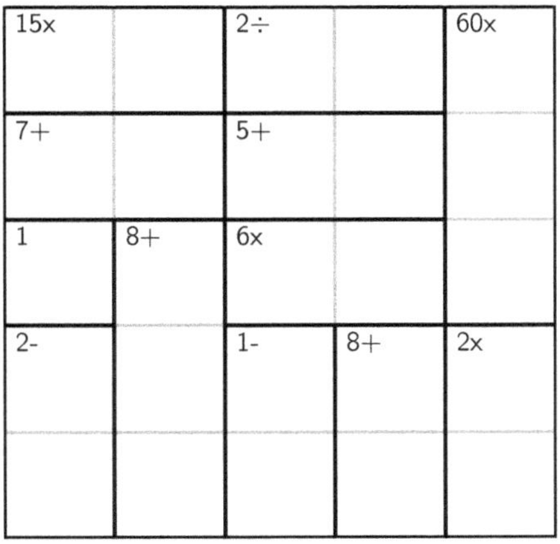

15x		2÷		60x
7+		5+		
1	8+	6x		
2-		1-	8+	2x

438

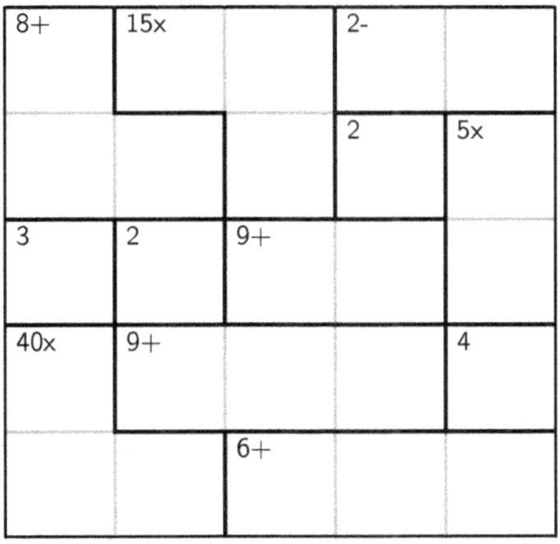

8+	15x		2-	
			2	5x
3	2	9+		
40x	9+			4
		6+		

439

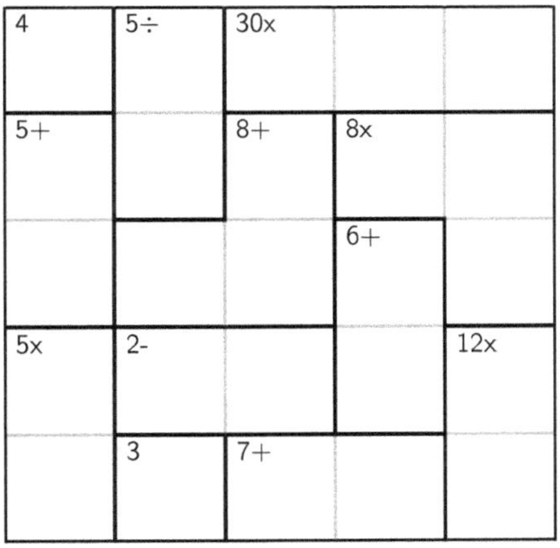

4	5÷	30x		
5+		8+	8x	
			6+	
5x	2-			12x
	3	7+		

440

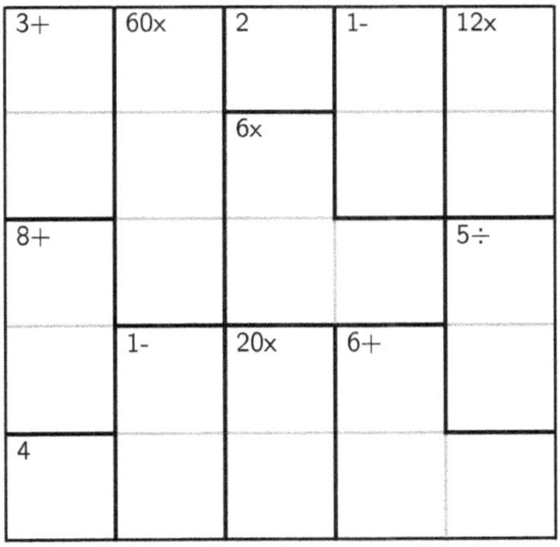

3+	60x	2	1-	12x
		6x		
8+				5÷
	1-	20x	6+	
4				

429 Solution

1-	6+		10+	
4	1	5	3	2
3	7+ 5	24x 1	2	4
5 5	2	3	4	1
1 1	2÷ 4	2	8+ 5	3
2 2	3 3	10+ 4	1	5

430 Solution

1- 3	4 4	10x 1	2	5
4	1- 2	3	5 5	1- 1
2x 1	8+ 3	13+ 5	4	2
2	5	8x 4	1	3
5	1	2	12x 3	4

431 Solution

5 5	6+ 2	4	2- 1	3
24x 2	3	8+ 1	12+ 5	4
4	5	2	3	5÷ 1
4x 1	4	3	6+ 2	5
15x 3	1	5	4	2 2

432 Solution

11+ 2	12+ 1	5	12x 4	30x 3
5	4	2	3	1
4	5+ 2	3	1 1	5
3÷ 1	12x 3	4	5 5	2
3	4- 5	1	2 2	4 4

441

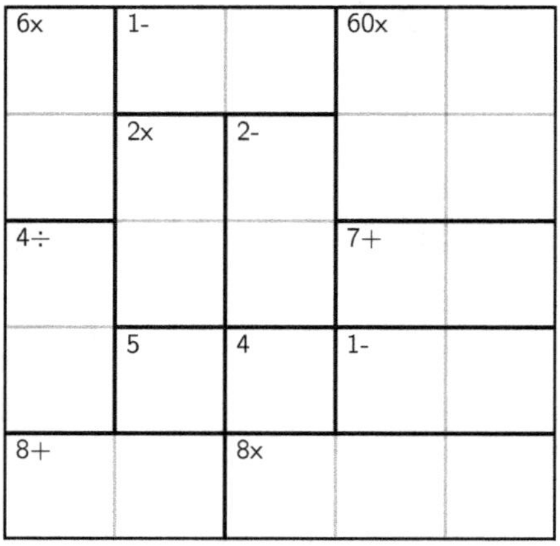

6x	1-		60x	
	2x	2-		
4÷			7+	
	5	4	1-	
8+		8x		

442

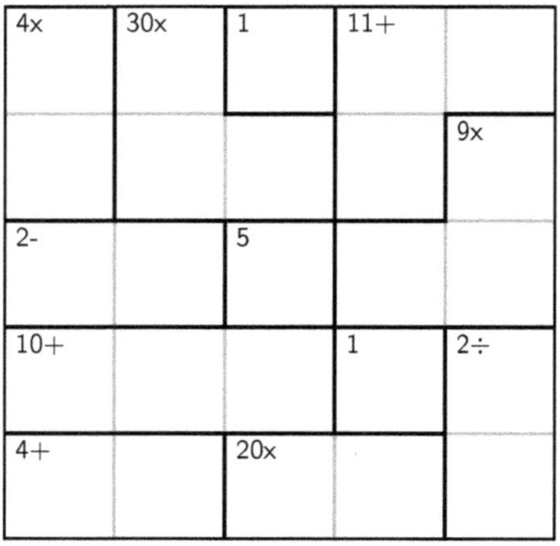

4x	30x	1	11+	
				9x
2-		5		
10+			1	2÷
4+		20x		

443

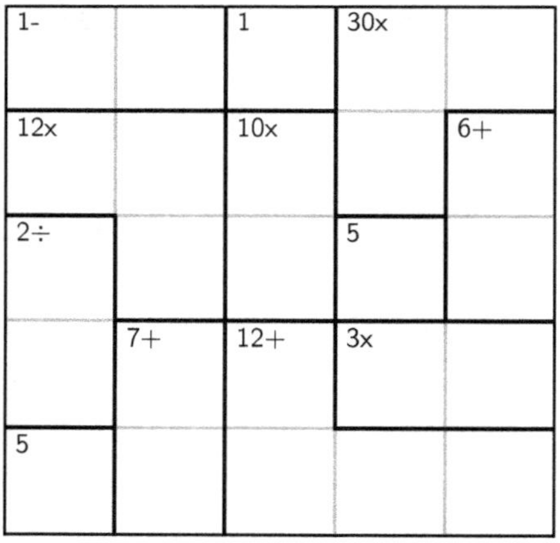

1-		1	30x	
12x		10x		6+
2÷			5	
	7+	12+	3x	
5				

444

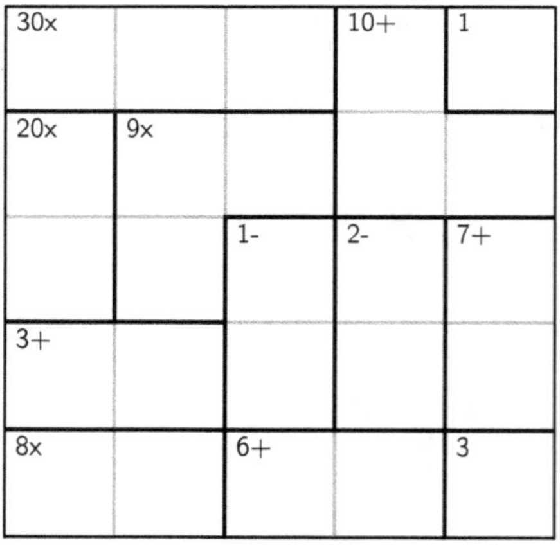

30x			10+	1
20x	9x			
		1-	2-	7+
3+				
8x		6+		3

433 Solution

5	4	8+	3	40x
5	4	2	3	1
2x	1	3	12+	5
2	1	3	4	5
4+	2	5	1	4
3	2	5	1	4
1	12x	4	5	2
1	3	4	5	2
4	5	1	6x	3
4	5	1	2	3

434 Solution

4x	1	6+	7+	15x
4	1	3	2	5
1-	20x	2	5	3
1	4	2	5	3
2	5	1	60x	4
2	5	1	3	4
1-	2	5	4	1-
3	2	5	4	1
8+	3	5+	1	2
5	3	4	1	2

435 Solution

8+	3	2	4÷	1
5	3	2	4	1
5+	2	5+	5	1-
3	2	1	5	4
3-	5	5+	1	3
2	5	4	1	3
8+	4	3	6x	10x
1	4	3	2	5
20x	1	5	3	2
4	1	5	3	2

436 Solution

2÷	60x	4	3	7+
2	1	4	3	5
4	3	5	1	2
5	8x	2	1	4	3
5	2	1	4	3
6+	5	7+	2	20x
1	5	3	2	4
12x	4	2	5	1
3	4	2	5	1

445

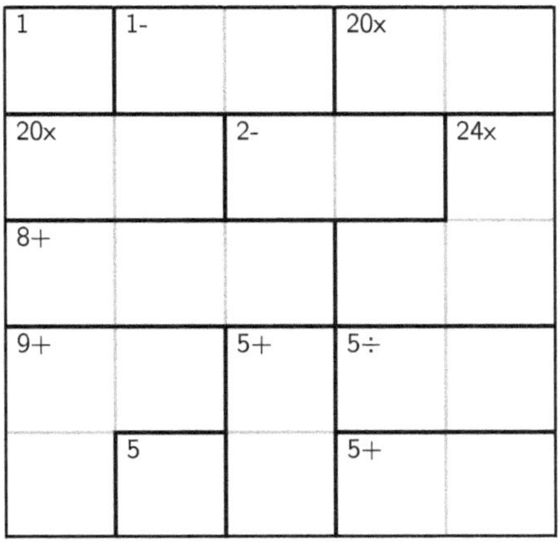

1	1-		20x	
20x		2-		24x
8+				
9+		5+	5÷	
	5		5+	

446

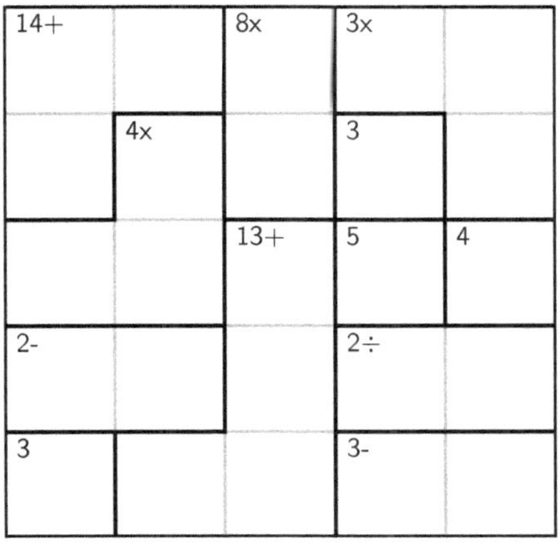

14+		8x		3x
		4x		3
			13+	5	4
2-				2÷	
	3			3-	

447

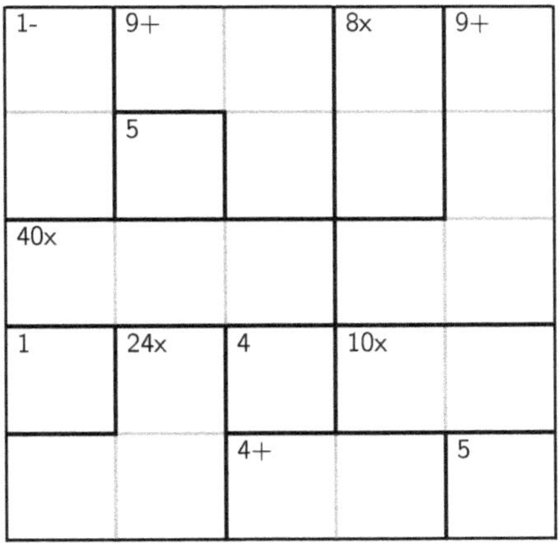

1-	9+		8x	9+
	5			
40x				
1	24x	4	10x	
		4+		5

448

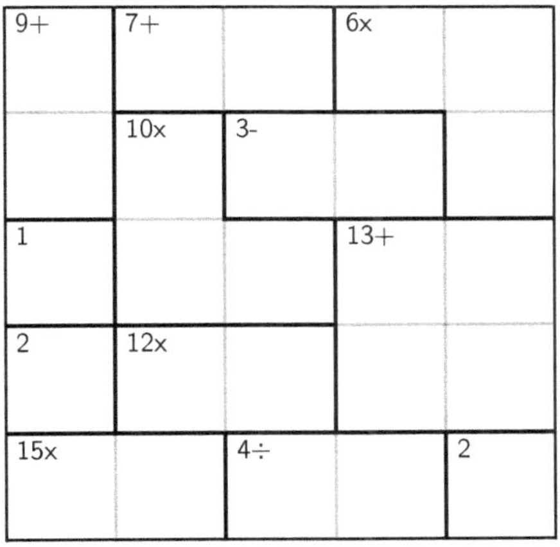

9+	7+		6x	
		10x	3-	
1				13+
2	12x			
15x		4÷		2

437 Solution

15x 3	5	2÷ 2	1	60x 4
7+ 5	2	5+ 1	4	3
1 1	8+ 4	6x 3	2	5
2- 4	1	1- 5	8+ 3	2x 2
2	3	4	5	1

438 Solution

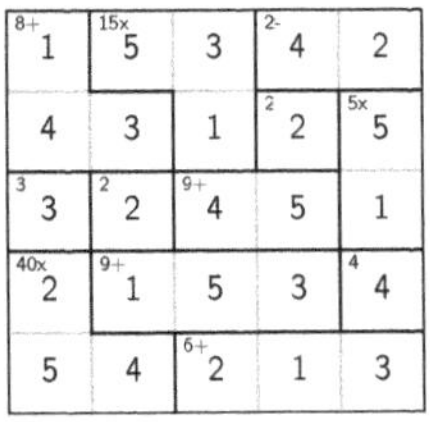

8+ 1	15x 5	3	2- 4	2
4	3	1	2 2	5x 5
3 3	2 2	9+ 4	5	1
40x 2	9+ 1	5	3	4
5	4	6+ 2	1	3

439 Solution

4 4	5÷ 1	30x 2	3	5
5+ 3	5	8+ 1	8x 4	2
2	4	3	6+ 5	1
5x 5	2- 2	4	1	12x 3
1	3 3	7+ 5	2	4

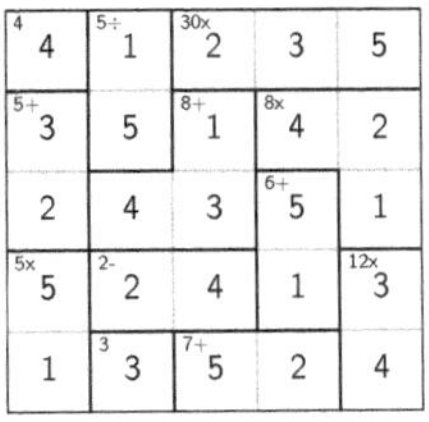

440 Solution

3+ 1	60x 3	2 2	1- 5	12x 4
2	5	6x 1	4	3
8+ 5	4	3	2	5÷ 1
3	1- 2	20x 4	6+ 1	5
4 4	1	5	3	2

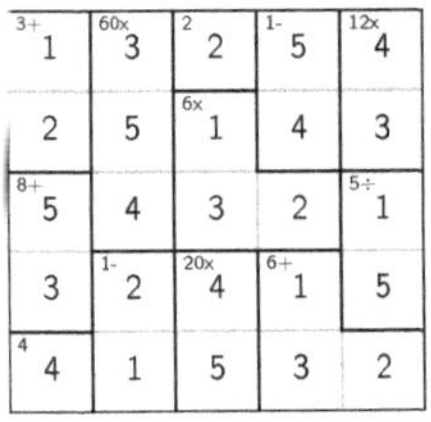

449

9+	5	1	12x	
	3x	2	20x	7+
6+	120x		24x	1

450

40x			12x	1
10+		6x		3
2				5
12x		12+		8x
	2-			

451

2-	6x		40x	
	4	5÷		5+
1-	4-			
		6x		4x
5+		1-		

452

3	5÷		8x	4
1	5	1-		8+
9+	10+			
			45x	
6+				

441 Solution

6x 2	1- 4	5	60x 3	1
3	2x 2	2- 1	4	5
4÷ 4	1	3	7+ 5	2
1	5 5	4 4	1- 2	3
8+ 5	3	8x 2	1	4

442 Solution

4x 4	30x 3	1 1	11+ 2	5
1	5	2	4	9x 3
2- 2	4	5 5	3	1
10+ 5	2	3	1 1	2÷ 4
4+ 3	1	20x 4	5	2

443 Solution

1- 3	4	1 1	30x 2	5
12x 4	1	10x 5	3	6+ 2
2÷ 1	3	2	5 5	4
2	7+ 5	12+ 4	3x 1	3
5 5	2	3	4	1

444 Solution

30x 3	5	2	10+ 4	1 1
20x 5	9x 1	3	2	4
4	3	1- 5	2- 1	7+ 2
3+ 1	2	4	3	5
8x 2	4	6+ 1	5	3 3

453

5x	3-	12x		40x
		3÷		
2	7+	5+		
7+		8+	3+	
			2-	

454

6+	6+		8x	
	4-		12x	
	2	9+	15x	
9+	1-		10x	
				1

455

4x		5+	14+	
8x				
	7+		3-	5+
15x	1-			
	5	1	6+	

456

10+		2-	7+	5
	4			4+
4	10x	8x		
2-			120x	
		5		

445 Solution

1 1	1- 3	2	20x 4	5
20x 5	4	2- 3	1	24x 2
8+ 2	1	5	3	4
9+ 3	2	5+ 4	5÷ 5	1
4	5 5	1	5+ 2	3

446 Solution

14+ 4	5	8x 2	3x 1	3
5	4x 2	4	3 3	1
2	1	13+ 3	5 5	4 4
2- 1	3	5	2÷ 4	2
3 3	4	1	3- 2	5

447 Solution

1- 3	9+ 1	5	8x 2	9+ 4
2	5 5	3	4	1
40x 5	4	2	1	3
1 1	24x 3	4 4	10x 5	2
4	2	4+ 1	3	5 5

448 Solution

9+ 5	7+ 4	3	6x 2	1
4	10x 1	3- 2	5	3
1 1	2	5	13+ 3	4
2 2	12x 3	4	1	5
15x 3	5	4÷ 1	4	2 2

457

60x			30x	1
4	1-			
1-		10+		
4x		8+		5+
8+			4	

458

2÷	12+	2	5x	
			4+	
2-	2÷		7+	40x
	12x			
4-			2	

459

8x	120x		2	5
		9+		3
			4÷	
8+		7+	2-	8x
5				

460

2-	2	20x		
	5	8x		11+
20x	8+		1-	
	1			
6x		9+		

449 Solution

9+ 2	5 5	1 1	12x 4	3
4	3x 3	2 2	20x 1	7+ 5
3	1	4	5	2
6+ 5	120x 4	3	24x 2	1 1
1	2	5	3	4

450 Solution

40x 5	2	4	12x 3	1 1
10+ 1	5	6x 2	4	3 3
2 2	4	3	1	5 5
12x 3	1	12+ 5	2	8x 4
4	2- 3	1	5	2

451 Solution

2- 1	6x 2	3	40x 4	5
3	4 4	5÷ 5	1	5+ 2
1- 4	4- 5	1	2	3
5	1	6x 2	3	4x 4
5+ 2	3	1- 4	5	1

452 Solution

3 3	5÷ 1	5	8x 2	4 4
1 1	5 5	1- 3	4	8+ 2
9+ 4	10+ 3	2	5	1
5	2	4	45x 1	3
6+ 2	4	1	3	5

461

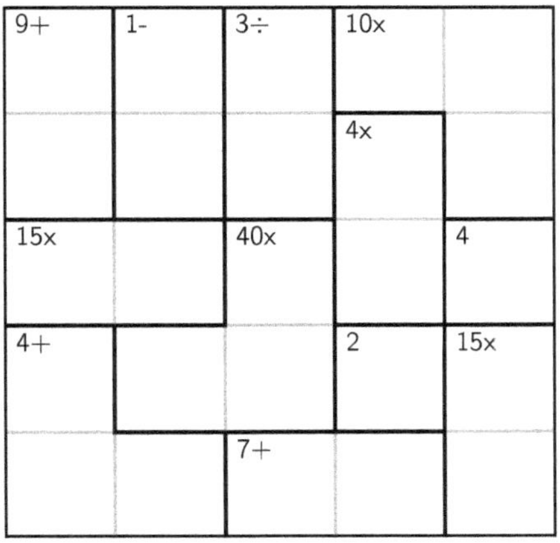

9+	1-	3÷	10x	
			4x	
15x		40x		4
4+			2	15x
		7+		

462

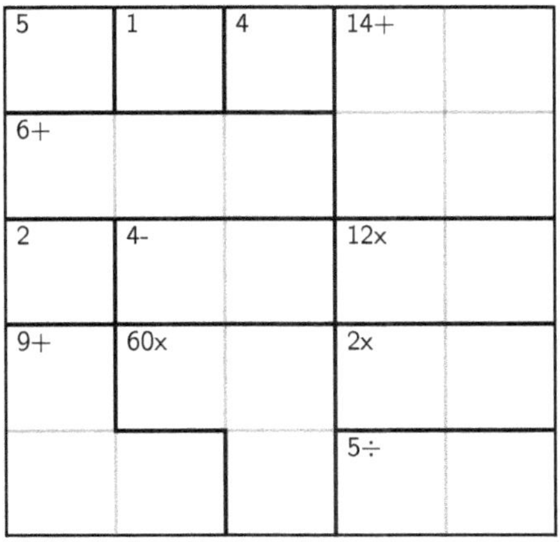

5	1	4	14+	
6+				
2	4-			12x
9+	60x			2x
			5÷	

463

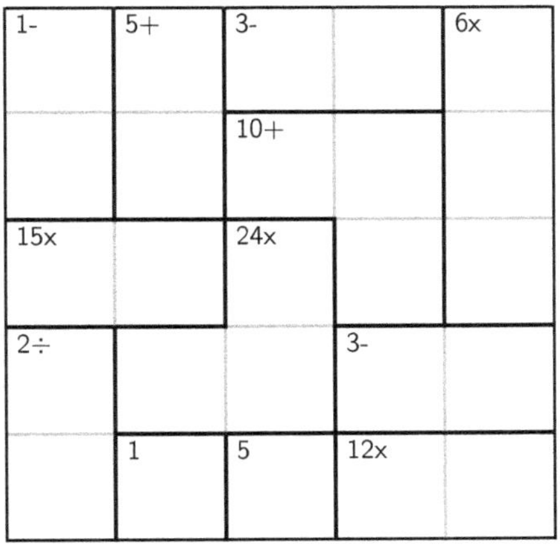

1-	5+	3-		6x
		10+		
15x		24x		
2÷			3-	
		1	5	12x

464

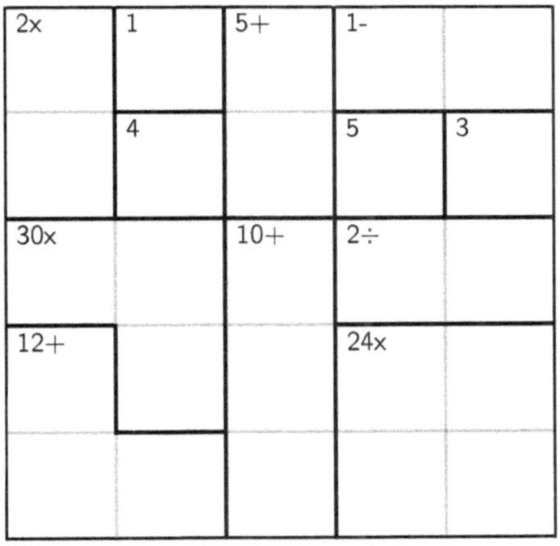

2x	1	5+	1-	
		4	5	3
30x		10+	2÷	
12+			24x	

453 Solution

5x 1	3- 5	12x 4	3	40x 2
5	2	3÷ 3	1	4
2 2	7+ 3	5+ 1	4	5
7+ 3	4	8+ 5	3+ 2	1
4	1	2	2- 5	3

454 Solution

6+ 3	6+ 5	1	8x 2	4
2	4- 1	5	12x 4	3
1	2	9+ 4	15x 3	5
9+ 5	1- 4	3	10x 1	2
4	3	2	5	1 1

455 Solution

4x 4	1	5+ 2	14+ 3	5
8x 2	4	3	5	1
1	7+ 2	5	3- 4	5+ 3
15x 5	1- 3	4	1	2
3	5 5	1	6+ 2	4

456 Solution

10+ 2	3	2- 1	7+ 4	5 5
5	4 4	3	2	4+ 1
4	10x 5	8x 2	1	3
2- 3	1	4	120x 5	2
1	2	5 5	3	4

465

3	20x		3+	
40x				8+
4	10x		12+	
6+		4+		2
				4

466

2	8x		8+	6+
12x				
	5	1-		2
9+	10x		8+	
		8x		

467

60x	3	1	2-	1-
	3+	9+		
			30x	1
4x				10+
10+				

468

7+		8x	3x	
1-			50x	
15x	5+		1-	
		3		12x
8+			4	

457 Solution

60x 3	5	4	30x 2	1 1
4 4	1- 1	2	3	5
1- 2	3	10+ 5	1	4
4x 1	4	8+ 3	5	5+ 2
8+ 5	2	1	4 4	3

458 Solution

2÷ 4	12+ 3	2 2	5x 5	1
2	4	5	4+ 1	3
2- 3	2÷ 2	1	7+ 4	40x 5
5	12x 1	4	3	2
4- 1	5	3	2 2	4

459 Solution

8x 1	120x 3	4	2 2	5 5
4	2	9+ 1	5	3 3
2	5	3	4÷ 4	1
8+ 3	4	7+ 5	2- 1	8x 2
5 5	1	2	3	4

460 Solution

2- 3	2 2	20x 5	1	4
1	5 5	8x 2	4	11+ 3
20x 5	8+ 4	1	1- 3	2
4	1 1	3	2	5
6x 2	3	9+ 4	5	1

469

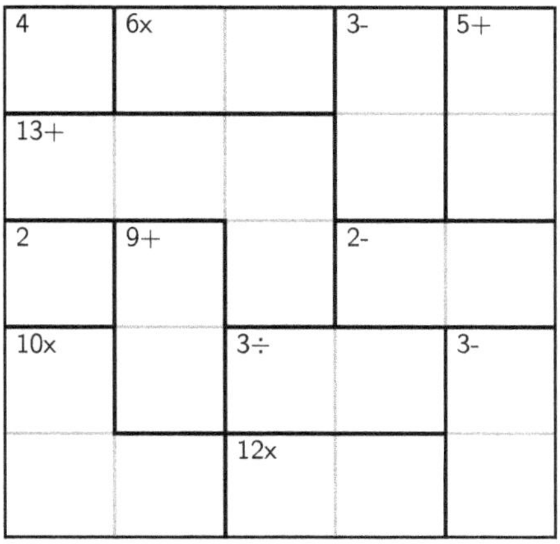

4	6x		3−	5+
13+				
2	9+		2−	
10x		3÷		3−
		12x		

470

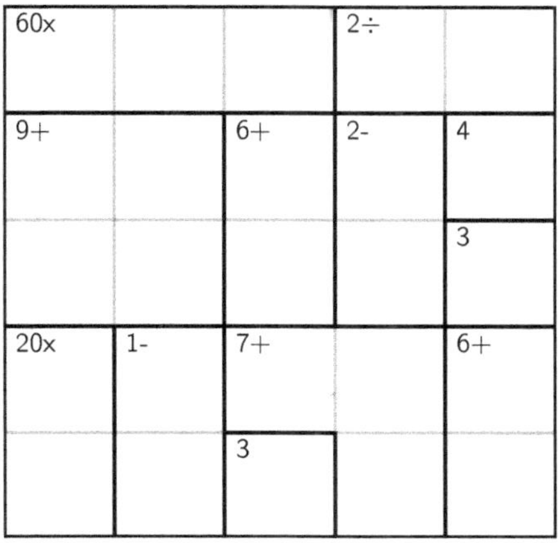

60x			2÷	
9+		6+	2−	4
				3
20x	1−	7+		6+
		3		

471

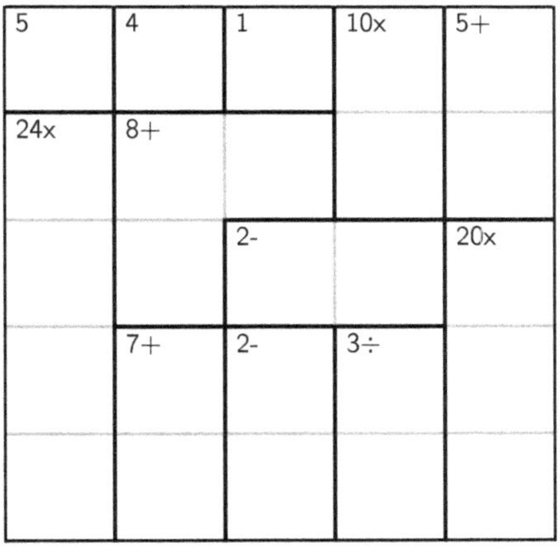

5	4	1	10x	5+
24x	8+			
		2−		20x
	7+	2−	3÷	

472

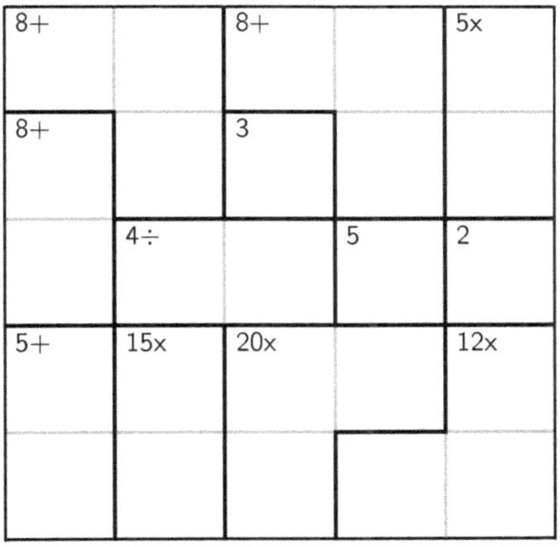

8+		8+		5x
8+		3		
	4÷		5	2
5+	15x	20x		12x

461 Solution

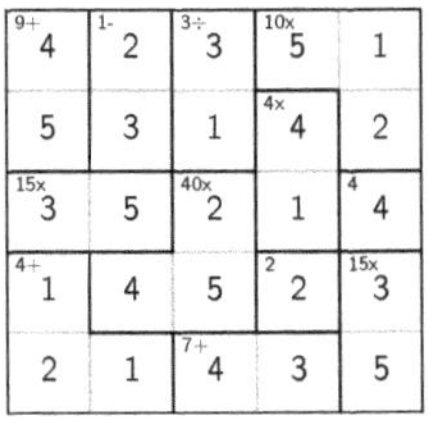

9+ 4	1− 2	3÷ 3	10x 5	1
5	3	1	4x 4	2
15x 3	5	40x 2	1	4 4
4+ 1	4	5	2 2	15x 3
2	1	7+ 4	3	5

462 Solution

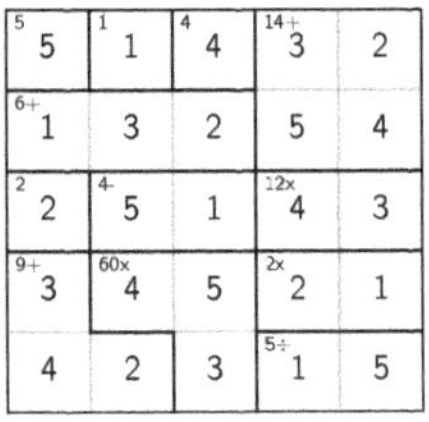

5	1	4 4	14+ 3	2
6+ 1	3	2	5	4
2 2	4− 5	1	12x 4	3
9+ 3	60x 4	5	2x 2	1
4	2	3	5÷ 1	5

463 Solution

1− 5	5+ 3	3− 4	1	6x 2
4	2	10+ 1	5	3
15x 3	5	24x 2	4	1
2÷ 1	4	3	3− 2	5
2	1	5 5	12x 3	4

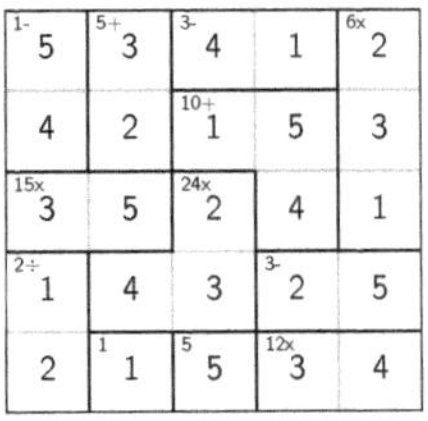

464 Solution

2x 2	1	5+ 3	1− 4	5
1	4 4	2	5 5	3 3
30x 5	3	10+ 4	2÷ 2	1
12+ 3	2	5	24x 1	4
4	5	1	3	2

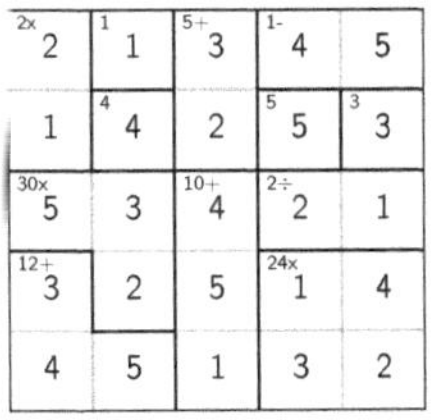

473

40x		24x		6x
			12+	
5	6+			
3		6+	1	1-
4			2	

474

1	6x		20x	
20x	8+			8x
	2-		5+	
1-	10+	1		
			2-	

475

8+	12x		2	1
	2÷		100x	
8+				6+
1-		15x		
40x			3x	

476

24x		5	1	4+
5		6+		
3-		2-		14+
3÷	4x			
		11+		

465 Solution

3 3	20x 4	5	3+ 2	1
40x 5	2	4	1	8+ 3
4 4	10x 1	2	12+ 3	5
6+ 1	5	4+ 3	4	2 2
2	3	1	5	4 4

466 Solution

2 2	8x 4	1	8+ 3	6+ 5
12x 4	3	2	5	1
1	5 5	1- 3	4	2 2
9+ 3	10x 2	5	8+ 1	4
5	1	8x 4	2	3

467 Solution

60x 5	3 3	1 1	2- 4	1- 2
4	3+ 1	9+ 5	2	3
3	2	4	30x 5	1 1
4x 1	4	2	3	10+ 5
10+ 2	5	3	1	4

468 Solution

7+ 2	5	8x 4	3x 3	1
1- 4	3	1	50x 5	2
15x 3	5+ 4	2	1- 1	5
5	1	3 3	2	12x 4
8+ 1	2	5	4 4	3

477

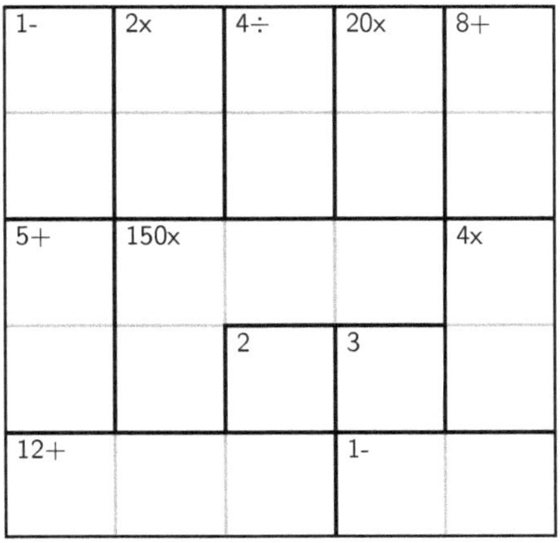

478

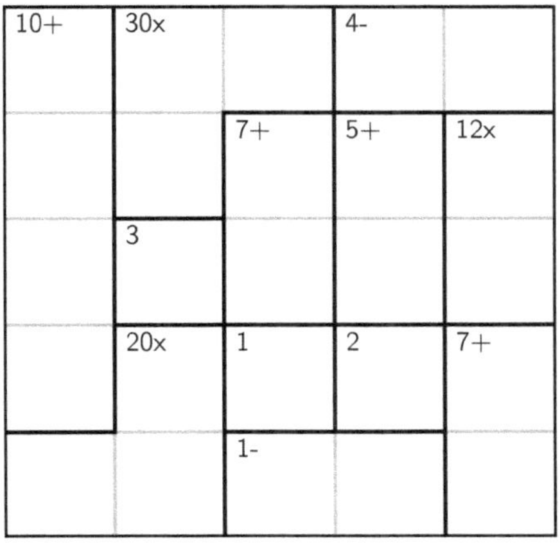

479

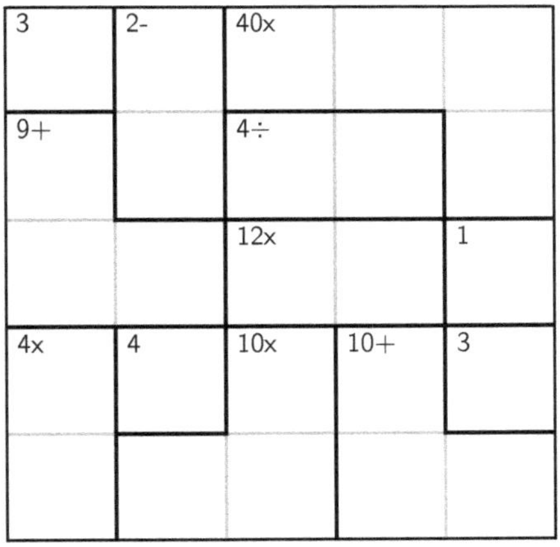

480

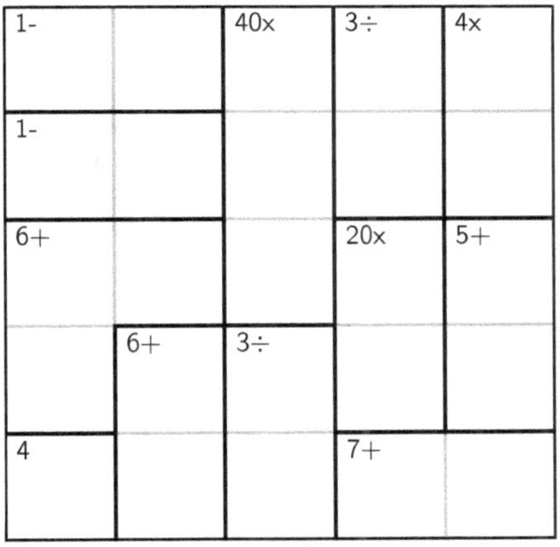

469 Solution

4 4	6x 3	2	3- 5	5+ 1
13+ 3	1	5	2	4
2 2	9+ 5	4	2- 1	3
10x 5	4	3÷ 1	3	3- 2
1	2	12x 3	4	5

470 Solution

60x 3	4	5	2÷ 1	2
9+ 1	5	6+ 2	2- 3	4 4
2	1	4	5	3 3
20x 4	1- 3	7+ 1	2	6+ 5
5	2	3 3	4	1

471 Solution

5 5	4 4	1 1	10x 2	5+ 3
24x 3	8+ 1	4	5	2
1	3	2- 2	4	20x 5
4	7+ 2	2- 5	3÷ 3	1
2	5	3	1	4

472 Solution

8+ 2	4	8+ 1	3	5x 5
8+ 5	2	3 3	4	1
3	4÷ 1	4	5 5	2 2
5+ 1	15x 3	20x 5	2	12x 4
4	5	2	1	3

481

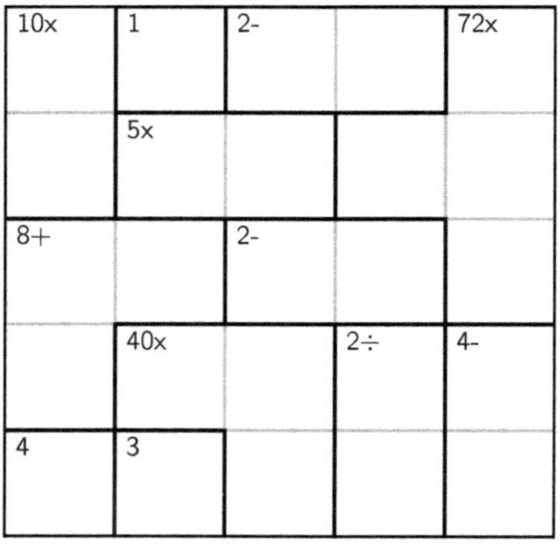

10x	1	2-		72x
	5x			
8+		2-		
	40x		2÷	4-
4	3			

482

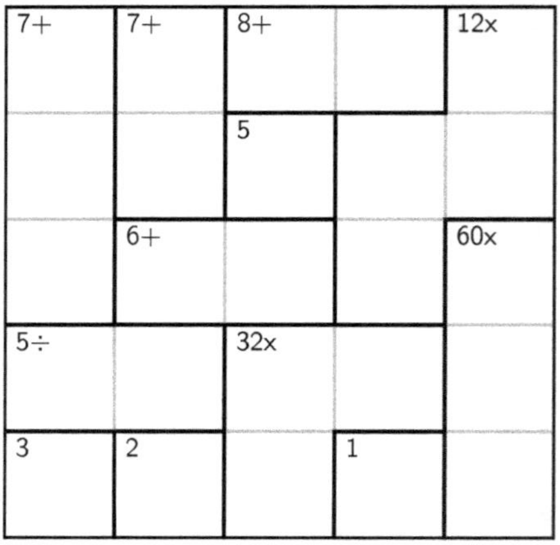

7+	7+	8+		12x
		5		
		6+		60x
5÷		32x		
3	2		1	

483

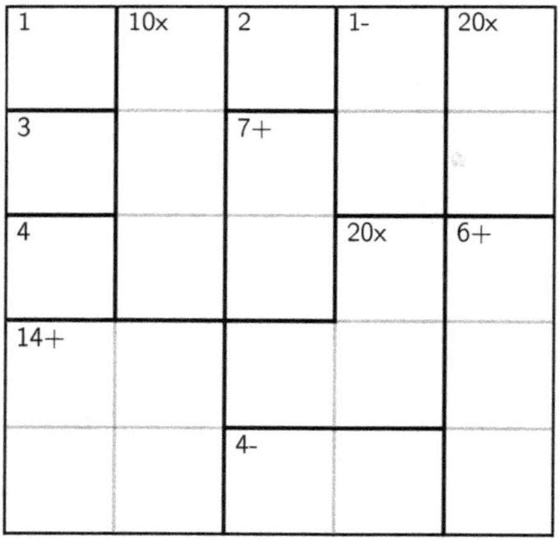

1	10x	2	1-	20x
3		7+		
4			20x	6+
14+				
		4-		

484

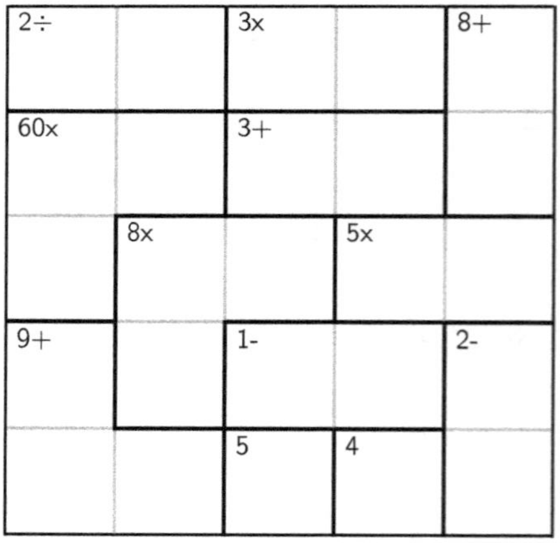

2÷		3x		8+
60x		3+		
	8x		5x	
9+		1-		2-
		5	4	

473 Solution

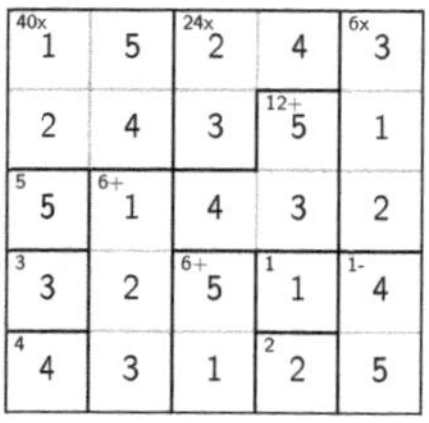

40x 1	5	24x 2	4	6x 3
2	4	3	12+ 5	1
5 5	6+ 1	4	3	2
3 3	2	6+ 5	1	1- 4
4 4	3	1	2 2	5

474 Solution

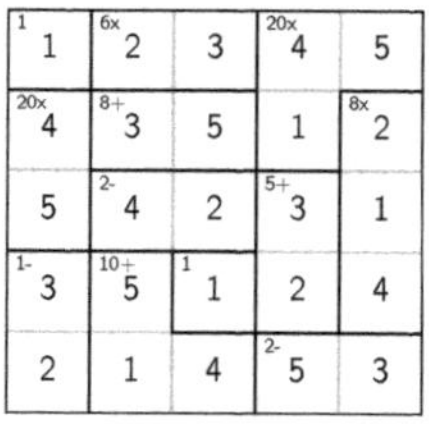

1 1	6x 2	3	20x 4	5
20x 4	8+ 3	5	1	8x 2
5	2- 4	2	5+ 3	1
1- 3	10+ 5	1	2	4
2	1	4	2- 5	3

475 Solution

8+ 5	12x 4	3	2 2	1 1
3	2÷ 2	1	100x 4	5
8+ 1	3	4	5	6+ 2
1- 2	1	15x 5	3	4
40x 4	5	2	3x 1	3

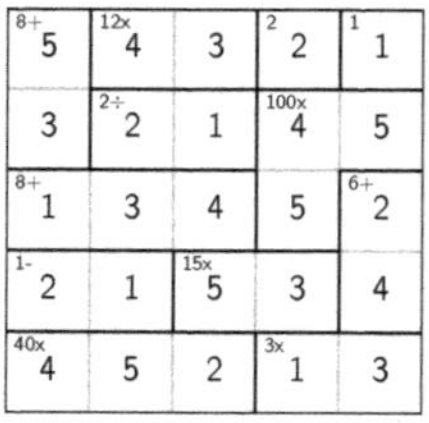

476 Solution

24x 4	2	5 5	1 1	4+ 3
5	3	6+ 4	2	1
3- 2	5	2- 1	3	14+ 4
3+ 1	4x 4	3	5	2
3	1	11+ 2	4	5

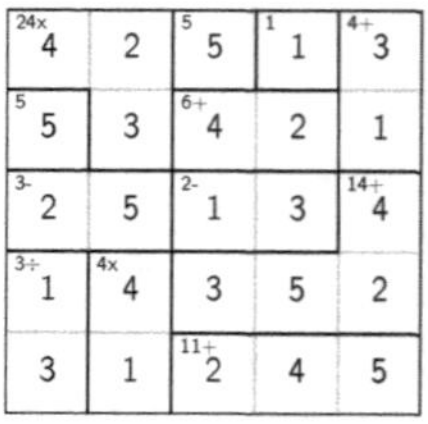

485

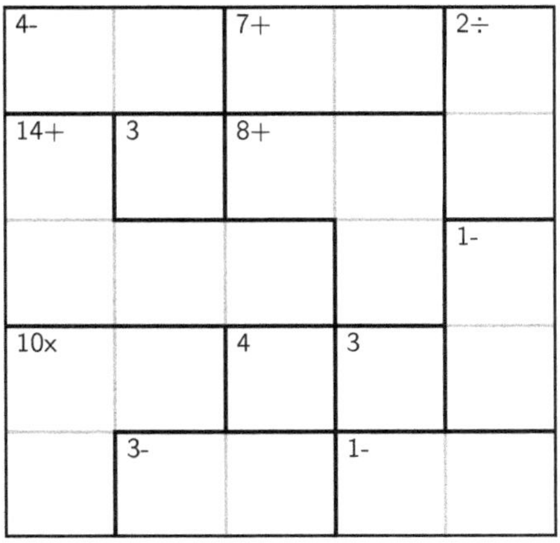

4−		7+		2÷
14+	3	8+		
				1−
10x		4	3	
	3−		1−	

486

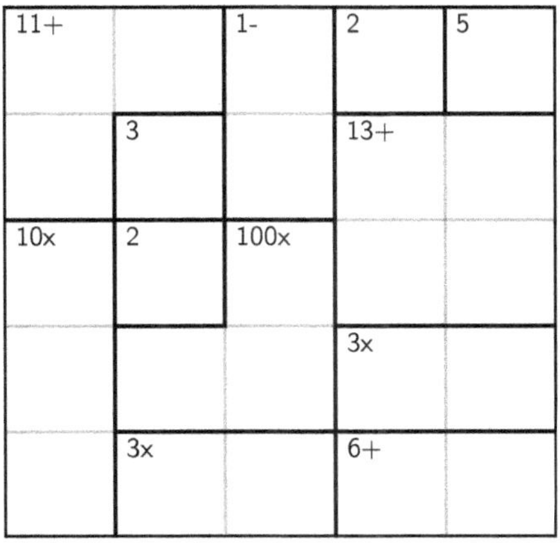

11+		1−	2	5
		3		13+
10x		2	100x	
				3x
	3x		6+	

487

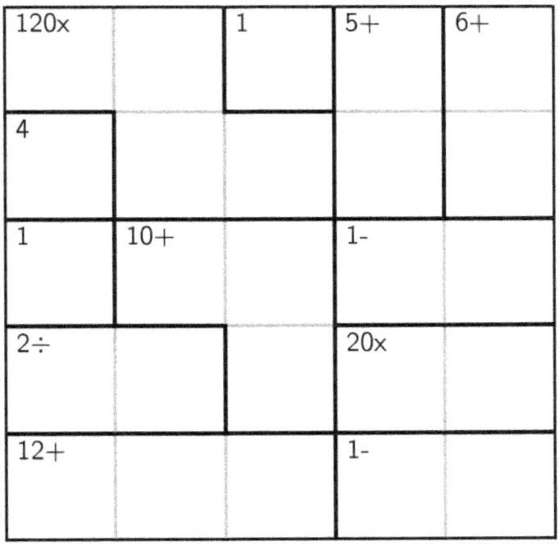

120x		1	5+	6+
4				
1	10+		1−	
2÷			20x	
12+			1−	

488

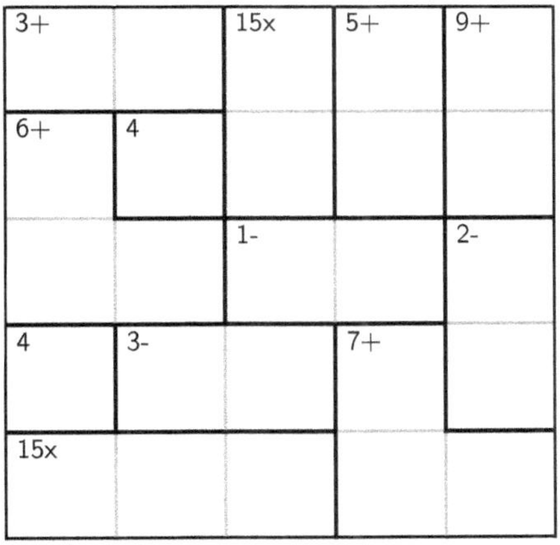

3+		15x	5+	9+
6+	4			
		1−		2−
4	3−		7+	
15x				

477 Solution

1− 3	2x 2	4÷ 1	20x 4	8+ 5
2	1	4	5	3
5+ 1	150x 3	5	2	4x 4
4	5	2· 2	3· 3	1
12+ 5	4	3	1− 1	2

478 Solution

10+ 4	30x 2	3	4− 5	1
1	5	7+ 2	5+ 4	12x 3
2	3· 3	5	1	4
3	20x 4	1	2	7+ 5
5	1	1− 4	3	2

479 Solution

3	2− 5	40x 1	2	4
9+ 2	3	4÷ 4	1	5
5	2	12x 3	4	1· 1
4x 1	4	10x 2	10+ 5	3· 3
4	1	5	3	2

480 Solution

1− 3	2	40x 5	3÷ 1	4x 4
1− 5	4	2	3	1
6+ 1	3	4	20x 5	5+ 2
2	6+ 5	3÷ 1	4	3
4	1	3	7+ 2	5

489

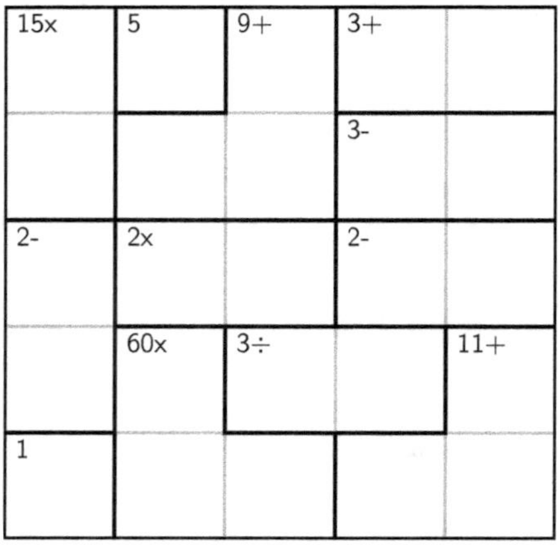

15x	5	9+	3+	
			3-	
2-	2x		2-	
	60x	3÷		11+
1				

490

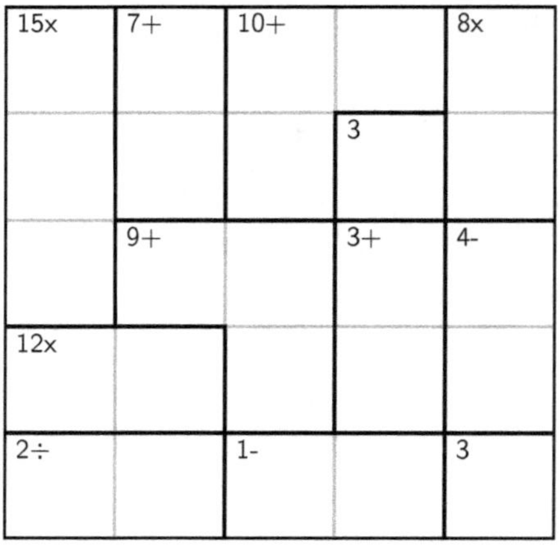

15x	7+	10+		8x
			3	
		9+		3+	4-
12x				
2÷		1-		3

491

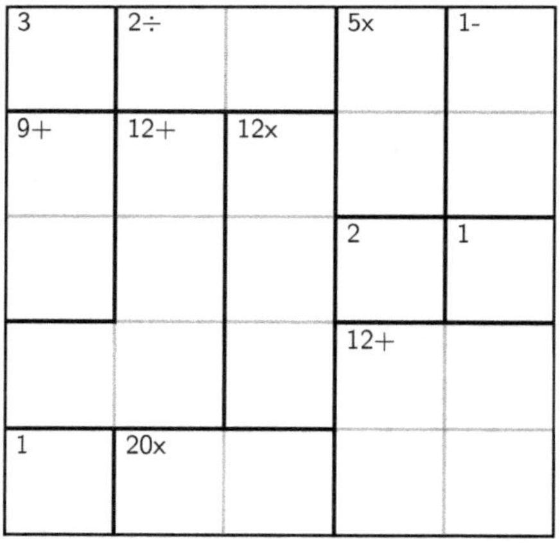

3	2÷		5x	1-
9+	12+	12x		
			2	1
			12+	
1	20x			

492

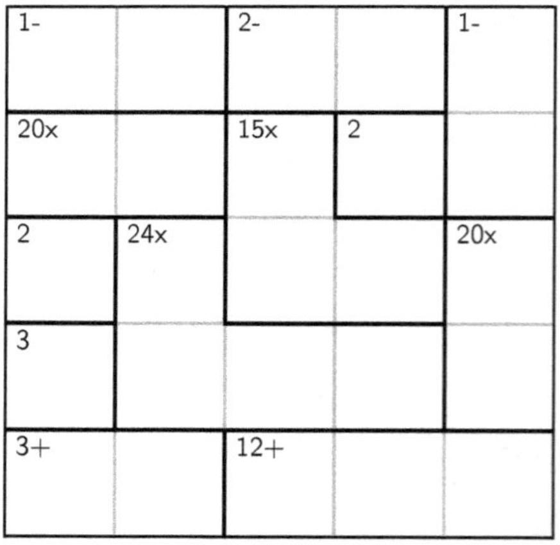

1-		2-		1-
20x		15x	2	
2	24x			20x
3				
3+		12+		

481 Solution

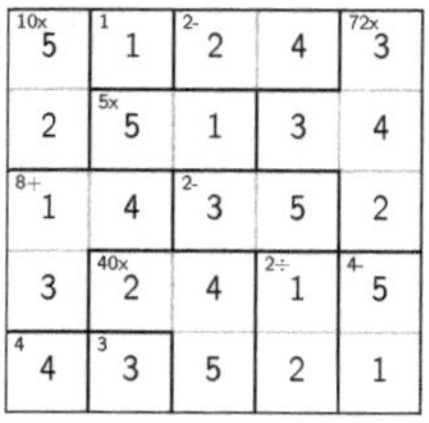

10x 5	1	2- 2	4	72x 3
2	5x 5	1	3	4
8+ 1	4	2- 3	5	2
3	40x 2	4	2÷ 1	4- 5
4	3	5	2	1

482 Solution

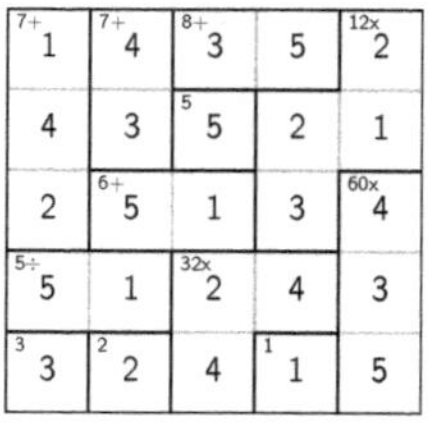

7+ 1	7+ 4	8+ 3	5	12x 2
4	3	5 5	2	1
2	6+ 5	1	3	60x 4
5÷ 5	1	32x 2	4	3
3	2	4	1 1	5

483 Solution

1 1	10x 5	2	1- 3	20x 4
3 3	1	7+ 4	2	5
4	2	3	20x 5	6+ 1
14+ 5	3	1	4	2
2	4	4- 5	1	3

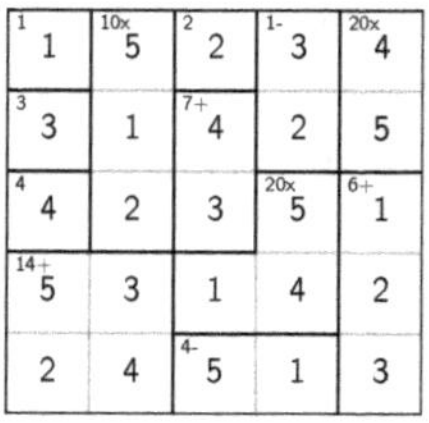

484 Solution

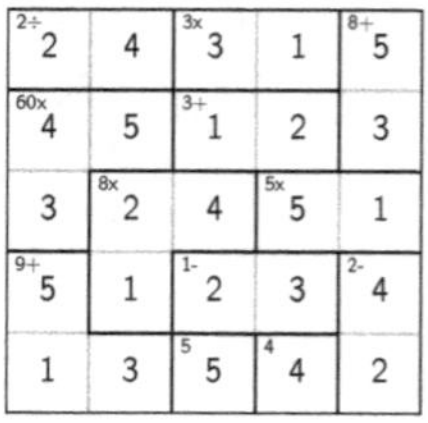

2÷ 2	4	3x 3	1	8+ 5
60x 4	5	3+ 1	2	3
3	8x 2	4	5x 5	1
9+ 5	1	1- 2	3	2- 4
1	3	5 5	4- 4	2

493

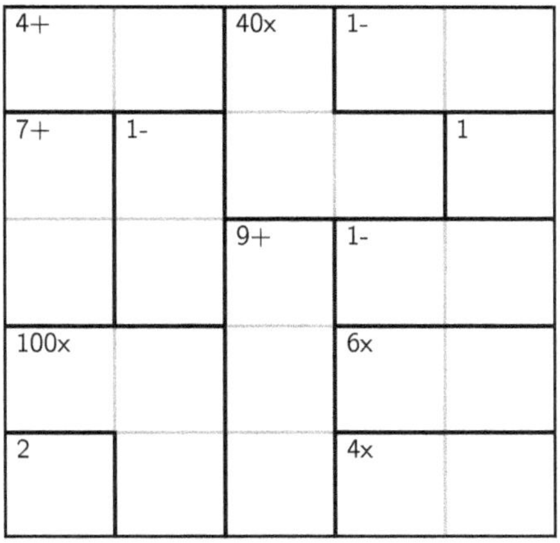

4+		40x	1-	
7+	1-			1
		9+	1-	
100x		6x		
2		4x		

494

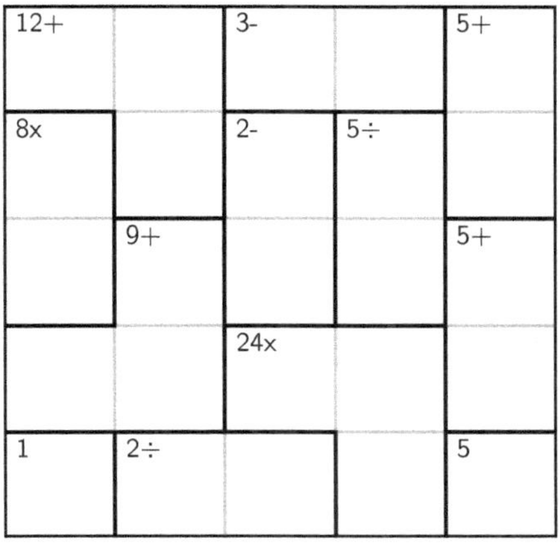

12+		3-		5+
8x		2-	5÷	
		9+		5+
		24x		
1	2÷			5

495

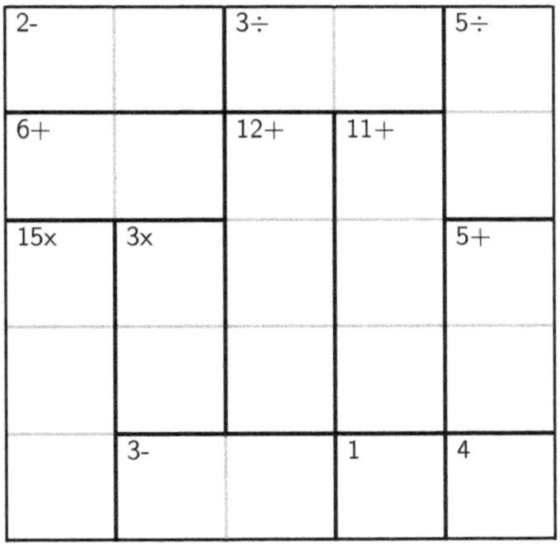

2-		3÷		5÷
6+		12+	11+	
15x	3x			5+
	3-		1	4

496

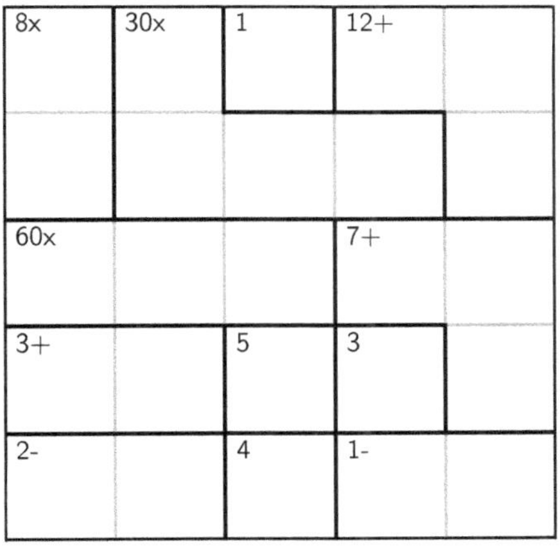

8x	30x	1	12+	
60x			7+	
	3+		5	3
2-		4	1-	

485 Solution

4- 1	5	7+ 3	4	2÷ 2
14+ 4	3	8+ 2	5	1
3	2	5	1	1- 4
10x 2	1	4	3- 3	5
5	3- 4	1	1- 2	3

486 Solution

11+ 3	4	1- 1	2 2	5
4	3 3	2	13+ 5	1
10x 1	2	100x 5	3	4
2	5	4	3x 1	3
5	3x 1	3	6+ 4	2

487 Solution

120x 3	4	1	5+ 2	6+ 5
4	2	5	3	1
1	10+ 5	2	1- 4	3
2÷ 2	1	3	20x 5	4
12+ 5	3	4	1- 1	2

488 Solution

3+ 2	1	15x 5	5+ 3	9+ 4
6+ 1	4	3	2	5
3	2	1- 4	5	2- 1
4	3- 5	2	7+ 1	3
15x 5	3	1	4	2

497

10x	11+			3
	12x	7+	2	1
			6+	
11+			2-	2-
4÷				

498

1-	4÷	2-	10+	
				4
15x		8x		
8+		2	60x	
8x		1		

499

1	24x			13+
2-		5x		
1-				4
20x		3	12x	1
10+				

500

1	60x		8+	2-
8x		2		
		2-		4
5+			5+	
10+			6x	

489 Solution

15x 3	5 5	9+ 4	3+ 1	2
5	2	3	3- 4	1
2- 4	2x 1	2	2- 5	3
2	60x 4	3÷ 1	3	11+ 5
1 1	3	5	2	4

490 Solution

15x 3	7+ 5	10+ 1	4	8x 2
1	2	5	3 3	4
5	9+ 4	3	3+ 2	4- 1
12x 4	3	2	1	5
2÷ 2	1	1- 4	5	3 3

491 Solution

3 3	2÷ 1	2	5x 5	1- 4
9+ 4	12+ 2	12x 3	1	5
5	3	4	2 2	1 1
2	5	1	12+ 4	3
1 1	20x 4	5	3	2

492 Solution

1- 4	5	2- 1	3	1- 2
20x 5	4	15x 3	2 2	1
2 2	24x 3	5	1	20x 4
3 3	1	2	4	5
3+ 1	2	12+ 4	5	3

493 Solution

4+ 1	3	40x 2	1- 4	5
7+ 3	1- 2	4	5	1 1
4	1	9+ 5	1- 2	3
100x 5	4	1	6x 3	2
2 2	5	3	4x 1	4

494 Solution

12+ 3	4	3- 5	2	5+ 1
8x 2	5	2- 3	5÷ 1	4
4	9+ 3	1	5	5+ 2
5	1	24x 2	4	3
1 1	2÷ 2	4	3	5 5

495 Solution

2- 4	2	3÷ 1	3	5÷ 5
6+ 2	4	12÷ 3	11+ 5	1
15x 1	3x 3	5	4	5+ 2
5	1	4	2	3
3	3- 5	2	1	4 4

496 Solution

8x 2	30x 3	1 1	12÷ 4	5
4	1	2	5	3
60x 5	4	3	7+ 2	1
3÷ 1	2	5 5	3 3	4
2- 3	5	4 4	1- 1	2

497 Solution

10x 1	11+ 5	2	4	3 3
5	12x 4	7+ 3	2 2	1 1
2	3	4	6+ 1	5
11+ 3	2	1	2- 5	2- 4
4÷ 4	1	5	3	2

498 Solution

1- 1	4÷ 4	2- 5	10+ 2	3
2	1	3	5	4 4
15x 3	5	8x 4	1	2
8+ 5	3	2 2	60x 4	1
8x 4	2	1 1	3	5

499 Solution

1 1	24x 3	2	4	13+ 5
2- 2	4	5x 1	5	3
1- 3	2	5	1	4 4
20x 4	5	3 3	12x 2	1 1
10+ 5	1	4	3	2

500 Solution

1 1	60x 3	4	8+ 2	2- 5
8x 4	5	2 2	1	3
2	1	2- 3	5	4 4
5÷ 3	2	5	5+ 4	1
10+ 5	4	1	6x 3	2

www.ingramcontent.com/pod-product-compliance
Lightning Source LLC
Chambersburg PA
CBHW050309230526
45471CB00005B/2089